饮品通识课

# 鸡 尾 酒

混合饮料的艺术、科学和乐趣

［英］佐伊·伯吉斯 / 著

牟宜武 / 译

中国纺织出版社有限公司

## 图书在版编目（CIP）数据

鸡尾酒：混合饮料的艺术、科学和乐趣/（英）佐伊·伯吉斯著；牟宜武译. -- 北京：中国纺织出版社有限公司，2025.5. --（饮品通识课）--ISBN 978-7-5229-2516-5

Ⅰ.TS972.19

中国国家版本馆CIP数据核字第2025WA8634号

原文书名：THE COCKTAIL CABINET
原作者名：Zoe Burgess
First published in Great Britain in 2022
Under the title The Cocktail Cabinet
by Mitchell Beazley a division of Octopus Publishing Group Ltd
Carmelite House, 50 Victoria Embankment
London EC4Y 0DZ

Text Copyright © Zoe Burgess 2022
Design and layout © Octopus Publishing Group Ltd 2022
All rights reserved.

Zoe Burgess has asserted her right
under the Copyright,
Designs and Patents Act 1988 to be identified
as the author of this work.

著作权合同登记号：图字：01-2025-1377

责任编辑：舒文慧　　责任校对：寇晨晨　　责任印制：王艳丽

中国纺织出版社有限公司出版发行
地址：北京市朝阳区百子湾东里 A407 号楼　邮政编码：100124
销售电话：010—67004422　传真：010—87155801
http://www.c-textilep.com
中国纺织出版社天猫旗舰店
官方微博 http://weibo.com/2119887771
北京华联印刷有限公司印刷　各地新华书店经销
2025 年 5 月第 1 版第 1 次印刷
开本：710×1000　1/16　印张：14.5
字数：200 千字　定价：98.00 元

凡购本书，如有缺页、倒页、脱页，由本社图书营销中心调换

# 前言

一提起风味我就会格外兴奋。这是一种极具个性化的体验，不过我们也非常乐意与他人分享。虽然味觉是一种难以量化的感觉，但我们可以彼此交流。

我一直在思索风味这方面的内容："这些吃的或喝的东西怎样才能在情感层面让人得到满足，又该如何与他人分享呢？"尽管于我而言，摄入高质量的产品非常重要，但我真正在乎的还是灵魂上的满足感。在很长一段时期里，我仅仅是从表面去看待这种欲望，单纯吃吃喝喝，没有思考过我和其他人为何会热衷于这件事。直到我喝到了第一杯精心调制的鸡尾酒，这着实让我大吃一惊。那次之后，我问自己："这么一个小小的容器，盛装着一种单一的液体，怎么就能让我感觉自己拥有了最为个性化的味觉体验呢？"就仿佛刚刚目睹了一场魔术。不顾一切地想要揭开这个秘密。

从某种程度来讲，很难将鸡尾酒视为一种完全个性化的事物——某一家酒吧里的马提尼酒或许看起来与其他任何一家酒吧的酒没什么两样。然而，外表往往具有欺骗性，马提尼酒的味道不尽相同；这便是鸡尾酒背后蕴含的魔力。它们是个性化风味的终极承载者，并且营造出了主人与客人之间的共享时刻。

在初次获得启示之后，我明白如果能够知晓鸡尾酒中的成分是如何相互作用的，那么便会拥有大把的机会去享受美味并体验各种风味。我清楚我能够去探索个人品位以及它们之所以存在的缘由。凭借招待客人这一行为，我能够以一种愉悦的方式与他人分享我的品位。就这样，我的旅程开启了。

在本书中，我将与大家分享自己的发现和个人在家调制鸡尾酒的方法，那就是平衡和简单。我并没有将重点放在某些鸡尾酒的历史和最"正宗"的配方上，而是放在了结构和味道特征上，将其分解成几个基本模块，这样大家就能理解一种成分是如何起作用的，以及为什么一杯鸡尾酒的成品味道能这么好。我非常相信，干什么事情都要打下坚实的基础，希望这个方法能让大家朝着适合自己的方向前进。本书将引导大家踏上自己的探索之路，用个人喜好来决定接下来要尝试哪种鸡尾酒。教会大家如何最好地利用手头的原料，并最终帮助大家在家里创造有价值和共享的仪式，专注于调制的饮品的质量和体验，而不是所含的酒精。

佐伊·伯吉斯

# 如何使用本书
HOW TO USE THIS BOOK

为了让大家更容易走进鸡尾酒的世界,我把本书分成了主要的两个部分。第一部分涵盖了调制鸡尾酒的实际元素——可以将其视为一本指导手册,提供建议,帮助简化准备和调制的过程。你会读到所需设备的详细信息,在家里设置酒吧的最佳方式和常见的鸡尾酒调制术语。这一部分还介绍了调制鸡尾酒的技术(以及背后的原因),以便在第二部分谈到配方时,可以把重点放在酒的结构、味道和风味上。

第一部分包含了很多成分相关的信息,但你并不需要全盘接收这些信息。我的目标是在家里高效调制鸡尾酒,当然也考虑了性价比。最不想看到的就是,大家觉得需要购买清单上的所有东西,其实是没必要的。建议大家首先消化本书中的一些信息,了解自己的偏好,并找到一个重点地方来开始。这样做的好处是,会先考虑下鸡尾酒类别内和跨类别的风味特征、多功能性,再决定要不要购买,这能够尽量帮大家省钱。

第一部分的重点是探讨基本口味、整体口味和鸡尾酒结构的原则。这部分将解释需要更好地了解自己喜好的细节,并最终帮助大家调制出适合自己口味和需求的鸡尾酒。

第二部分将所学到的所有知识应用到特定的鸡尾酒饮品中。需要注意的是,鸡尾酒有很多种分类方式,我选择了一种我认为最适合本书的方式,它将帮助大家在学习的时候将所有知识点串联起来。

本书和鸡尾酒一样注重风味,所以对我来说,高效使用食材很关键。第十一章介绍了一些定制配方,启发大家在家里调制鸡尾酒,包括查看厨房橱柜里的食材,并使用这些食材作为某些风味的替代品。希望一旦了解了鸡尾酒的构成要素,就可以用手头的原料调制出适合自己的鸡尾酒。

## 关于度量的说明

本书中所有的鸡尾酒都是用公制测量法调制和测试的。我使用的是一套公制度量勺（见第011页），为了达到最佳效果，建议大家也这样做。我还提供了尽可能准确地反映我的原始公制测量的英制测量数据。

## 风味简介

在第030~041页，介绍了一些基本成分——从杜松子酒到苦艾酒等精选烈酒，适合用于多类鸡尾酒。每一份简短的风味简介都配有插图，提供了一种特定烈酒的味道、质地和影响的视觉照片——本书中采用的方式最接近品尝环节。

## 配方插图

每种鸡尾酒的配方都附有一张说明，描述了鸡尾酒的成分——液体成分的比例、冰块或装饰、所用玻璃杯的类型。在这些插图中也出现了原料风味配置文件中使用的关键颜色，让大家更好地掌握饮品的整体风味。

## 单位换算

1英寸=2.54厘米

**脏杜松子马提尼**

 杜松子酒

 干苦艾酒

 橄榄盐水

# 目录

CONTENTS

| 第一部分 | 原理 | 001 |
|---|---|---|

| 第一章 | 如何制作鸡尾酒 | 002 |
| 第二章 | 调制 | 006 |
| 第三章 | 调制鸡尾酒的技术和术语 | 010 |
| 第四章 | 基本原料 | 028 |
| 第五章 | 五种基本口感及补充 | 052 |

| 第二部分 | 鸡尾酒 | 065 |
|---|---|---|

| 第六章 | 香槟鸡尾酒 | 066 |
| 第七章 | 调和鸡尾酒 | 086 |
| 第八章 | 苦味鸡尾酒 | 122 |
| 第九章 | 酸味鸡尾酒 | 138 |
| 第十章 | 长饮鸡尾酒 | 170 |
| 第十一章 | 在家调制饮品 | 194 |

| 适用于各种场合的饮品 | 212 |
|---|---|
| 按重点烈酒分类的饮品清单 | 214 |
| 作者介绍 | 222 |

# THE PRINCIPLES

# 1

## 第一部分

## 原理

第一章
# 如何制作鸡尾酒

# HOW TO APPROACH COCKTAIL MAKING

鸡尾酒是大家熟知的一种饮品。它的形成受到诸多因素的影响，包括历史起源、调酒师的风格、顾客的口味偏好以及原材料的品质。随着时间的推移，鸡尾酒的配方不断升级。目前市面上的鸡尾酒风格各异，有的鸡尾酒甚至有好几款版本。这些知识的积累虽然有利于人们了解鸡尾酒，但也可能让初次接触鸡尾酒的人感到迷茫——他们可能会担心鸡尾酒口味不合适，或是未达到心理预期的效果而花了冤枉钱。那么，如果你也想在家中调制出美味的鸡尾酒，应该怎么做呢？我给出的答案是，了解经典鸡尾酒的基本结构，并遵循自己的品位及口味偏好。

在鸡尾酒的世界里，"结构"指的是饮品中各成分之间的排列和关系。一款结构良好的鸡尾酒在口感上是均衡的——这意味着酒精、甜味、酸味、苦味，甚至在某些情况下掺杂的盐味和鲜味，都应该恰到好处地融合。这并不是说每一种味道都要一样强烈，而是说这些味道的组合应该给人一种全新的味觉体验。香气特征与这一基本结构相互融合，共同打造令人愉悦的整体风味。

在调制鸡尾酒时，我会关注每一个细节。我喜欢深入了解每一种食材的味道特性，以便将它们恰到好处地融合在一起，打造出全新的口感体验。但是，我的调制方法一般基于我正在调制的特定经典鸡尾酒的结构。例如，我知道糖浆需要有一定的甜度才能与其他成分产生效应，那么如果糖浆中含有某种水果，可能会增添饮料的酸味，这一点是必须要考虑的。我选择的水果会有一种独特的香气，而且必须与饮料中的烈酒味道相匹配。因此，我们有必要关注成分之间的相互作用，因为一种成分的变化可能会影响其他成分在饮料中的效果。只有对原料及其相互作用有深入的了解，才能选择更合适的原料或调制方法，最终调制出一杯口感均衡的鸡尾酒。

在了解饮品的成分以及这些成分会发生的相互作用之后，我们可以选择更合适的成分或调制方法，并确保最终饮品的口感能达到平衡。我们的目标是用一种简单的方式将结构进行细分，但这听起来并不简单。正是通过这种细致的处理才调制出了与众不同的饮品，而这也是经典鸡尾酒之所以经典的原因——它们拥有无比惊艳的平衡效果，让人们赞不绝口。

结构的绝妙之处在于它可以被理解和习得，这一点非常重要。理解鸡尾酒的结构之后，可以辨识出混合饮品中的基本口味和香气组成部分。这些信息与个人喜好相辅相成，为我们调制鸡尾酒提供指导。

在本书中，我想用简单明了的方式分析鸡尾酒的结构。目前"结构"这个词听起来可能有点生硬。但正是这种对细节的追求，才能让一款鸡尾酒脱颖而出，最终成就经典鸡尾酒的经典。一款堪称经典的鸡尾酒，其结构应经过精雕细琢，口味才能达到完美的平衡。关键是，我们可以通过研究和学习来掌握鸡尾酒的结构。当你深入了解了一款鸡尾酒的结构，就能分辨出混合饮料中的基本味道和芳香成分。这些信息将成为你根据个人偏好入门鸡尾酒的指南。在本书后续章节中，我们将进一步探讨各种鸡尾酒配方的结构特点。现在，我将通过分析一些基本的概念，带你走进鸡尾酒的大千世界。

### 味道与香味的定义不同

在日常用语中，"味道"和"香味"这两个词经常互换使用，但从理论上来说，它们是两个不同的概念。"味道"指的是我们对基本味觉——"酸、甜、苦、咸和鲜"的体验，这些可以通过舌头和口腔其他部位的味蕾来感知。而"调味剂"一词指的是一种可以通过味蕾激发我们某一种味觉的化学物质。

"香味"则指的是我们在食用食物或饮品时的整体体验，包括外观、香气、味道、质地以及任何人体化学反应获得的感觉，例如对冷热的感知，食用辣椒等食材时的灼烧感或食用薄荷时的清凉感。

### 味道是鸡尾酒调制工作的基础要素

五种基本味道之间的关系非常重要，因为它是鸡尾酒结构的第一层。你可能正在研究一种最美妙的风味组合，但如果其中一种调味剂味道过强或过淡，鸡尾酒就可能变得难以下咽，无论添加香味还是改变香味都无法掩盖这种不平衡的味道。因此，注意鸡尾酒中的基本味道至关重要。在调整或替换一种成分前，要先考虑可能的效果。而要达到效果，可通过适当调整配比实现整体上的平衡。

有时候为了使鸡尾酒更符合个人口味偏好，你可能希望调整鸡尾酒中的味道平衡。举一个常见的例子，有的人喜欢甜一点的饮料，有的人则喜欢少糖的饮料。本书提供的食谱包含了特定情况下要考虑的因素，比如何时替换成分，何时调整成分。一般情况下，我们会从单一成分着手做调整，以此来判断该成分对鸡尾酒整体味道的影响。之后，我们可以按需逐步增加或减少这一成分，必要情况下进行第二次调整。例如，本书中第113页和114页提供的老式鸡尾酒食谱就为我们展示了如何调整糖分和甜度。

### 味道缔造更多选择

面对食物和饮料时，我们通常会选择我们想要体验的味道。你会发现有些鸡尾酒食谱除了使用的烈酒不同之外其他原料几乎完全相同。本书159页使用波旁威士忌的威士忌酸酒和163页使用的苏格兰威士忌酸酒，通过两种食谱的比较，解释了不同烈酒对味道的影响——基础配方和味道结构是一样的，但味道不同。

有时，更换烈酒可能对味道有很大的影响。有时候需要改变鸡尾酒中的另外一种成分来保持味道平衡。我们可以通过在马丁尼食谱中用伏特加代替杜松子酒来了解这种影响。

由于伏特加的香气比杜松子酒淡，我们需要减少苦艾酒的量，以便调配出味道平衡的鸡尾酒。没错，口感会不同，因为苦艾酒为马丁尼增添了一丝甜味和苦味，而现在我们减少了这些影响味觉的元素，这就意味着这款鸡尾酒会更加干涩，口感上的酒精感更强烈，但味道仍是平衡的。选择调配伏特加马丁尼还是杜松子酒马丁尼，这完全取决于个人偏好。

### 偏好至关重要

我尝过的每一样食物，甚至是我不喜欢的食物，都让我更加了解自己的口味偏好，并让我对味道有了直觉。了解自己口味偏好的最佳方式是研究自己对鸡尾酒的偏好。你是否会自然而然地喜欢某种风格的饮料或原料？有时，我发现换一种角度看问题会让事情更容易：列出自己不喜欢或不想品尝的东西，然后，在排除了不喜欢的东西之后，看看还剩下哪些选择。

要了解自己的口味偏好，下一步是品尝你喜欢的鸡尾酒，并仔细回味和体验。问问自己为什么喜欢它，再去更深入地了解它。以酸味为例，也许你选择酸味鸡尾酒的原因在于你喜欢它的酸味，或者是因为酸味与甜味冲击感很强？换句话说，你可能会发现自己不喜欢甜饮料。这很好理解，因为这意味着你的口味偏好是酸味，但这只是因为你不太喜欢甜味。既然要来尝尝鲜，你可能会想尝试一款咸味鸡尾酒，因为这类鸡尾酒的味道也不太甜。

在风味方面，也许你喜欢偏酸味的鸡尾酒，是因为这些饮料中使用的柑橘增加了清爽、纯净和新鲜的味道？你喜欢这些风味的清新凉爽感吗？对比这几种风味，你觉得更重的木质感风味如何？这些风味是否与你以前的体验相关？关注自己的感受，关注这些信息，本书将为你开启一场精彩的鸡尾酒之旅。

### 结构并非是刻板或固定的

"结构并非是刻板或固定的"，这种说法听起来可能相互矛盾。但当你对结构有了更深入的了解，你就会对鸡尾酒及其原料更熟悉。最终，这些知识将帮助你发现结构中的"空白"，也可以帮助你搭建"桥梁"，便于你研究饮料中的不同成分或风味添加物。这就是现代鸡尾酒的创新方式。我们需要挖掘出经典鸡尾酒中的空白，根据个人偏好，利用不同的成分或技术，赋予鸡尾酒全新的结构，打造出一种令人兴奋的全新体验。

第二章
# 调制

## THE SETUP

在鸡尾酒酒吧里，调酒师的工作着实令人惊叹。之所以这么说，是因为倘若你选了一个绝佳位置，便会留意到，吧台后方与前方的每个成员配合得天衣无缝，就好像在跳着同一支舞蹈。在酒吧中，调制鸡尾酒非常耗费体力和精力，因此，在这个过程中，需要尽量减少不必要的动作，以便大家可以更好地了解服务流程，并提供高效的服务。团队成员相互协作，不仅可以减轻身体疲劳，还能及时顺利地将调好的饮品送到客人桌上。虽说在家里调制鸡尾酒不像在酒吧里调酒有那么大压力，但酒吧中有很多东西值得我们借鉴。让我们从吧台开始学习吧；如果吧台布置得当，在家调制鸡尾酒会更加轻松有趣。

吧台是一个专门用来放置鸡尾酒调制设备和原料的空间。我们需要将这个空间布置得方便实用。同样，现代厨房内的设计也需要兼顾冰箱/冰柜、水槽与厨灶之间的空间关系。在理想状态下，吧台与冰箱/冰柜、水槽和台面具有合理的空间关系。这样看来，厨房确实是布置吧台的最佳位置。我知道，这样一来，身为主人可能没有办法参与到聚会中去了，但是，如果吧台布置合理，就能快速将酒调好，然后走出厨房参与到聚会中去——再不济，聚会结束时总该忙完了吧！

首先，选择一个台面；这个台面应处于水槽与冰箱/冰柜之间，而且即使上面有溢出的液体，也不会有所损坏。在调制鸡尾酒时，千万不要低估水槽的重要程度，因为需要用自来水洗手并清洗调制鸡尾酒的设备，而且需要将用过的冰块丢到水槽中。旁边需要放有冰箱/冰柜，可以使香槟和混合器保持冰爽，提升酒的品质。另外还可以将酒杯放在冰柜里，在饮用那些需要使用冰镇杯子的鸡尾酒时，这样做可以提升整体口感。如果冰柜内有空间，不妨尝试一下，肯定不会后悔；如果没有空间，也可以用冰块将杯子冰镇一下，我们将在第三章中讨论这一点。切不可忘了把垃圾箱收起来，但垃圾箱要方便取用；这样就可以直接处理垃圾了，既可以节省很多时间，也可以保持吧台干净整洁。

卫生注意事项包括：这些酒是用来喝的，请注意食品安全问题。开始前，适当清洁台面，确保所有设备干净且能安全使用，同时玻璃酒杯不得出现破损。旁边放一块清洁布，方便在调酒时迅速擦掉溢出物，防止吧台变黏腻。保持手部洁净，在调制鸡尾酒的过程中，手上备好茶巾，保持手部干燥。鸡尾酒调制完成并上桌后，将鸡尾酒摇壶、罐或调酒杯中用过的冰块丢在水槽里，并用干净的自来水冲洗容器。同时，冲洗所有滤冰器和吧匙，去除所有残留成分和味道，准备好进行下一轮调制。出于同种原因，可以将吧匙和量酒器放在装满冷水的碗中。使用后，可以将吧匙或量酒器放回碗中，它们在水中会自行清洗干净。如需调制大量鸡尾酒，我建议在调制间隙多换几次水。

与烹饪一样，充足的准备是调制鸡尾酒的关键。将要用到的所有原料放在手边，将鸡尾酒配方放在能看到的地方，调酒速度将会大幅提升。如果要招待很多人，打算调制需要加入新鲜柑橘汁的鸡尾酒，我建议提前几小时就把果汁榨好，并将果汁放入冰箱，以便调制的时候可以直接拿出来使用。也可以提前用筛子或带细滤网的滤冰器过滤果汁，去除酒中的碎屑。以下是最大限度利用柑橘类水果的温馨提示：如果需要柑橘皮装饰，先把柑橘皮从水果上切下来，然后将水果榨汁。也可以提前几小时准备好柑橘皮装饰；先将柑橘皮装入小碟，上面盖上润湿的厨房用纸，再将小碟放入冰箱，进行保鲜。为了达到最佳效果，保持其味道和香气，并防止氧化，新榨的柑橘汁和柑橘皮装饰务必当天用完。

## 理想的吧台

下面的图片将从实用性角度出发来构思和组织好吧台，不需要怎么移动就可以调酒了。以此为指导，并考虑可用空间或限制因素。如果你是左撇子，可能要颠倒一下顺序。

- 尽量减少身体移动幅度，缩短调制鸡尾酒的过程。应尽可能站在一个地方调制鸡尾酒。
- 不需要的东西不要放在吧台，包括原料和设备，这样有利于集中注意力、节省空间、减少清理时间。
- 始终保持逻辑优先，将原料分组并按照鸡尾酒配方中的使用顺序进行摆放。
- 有空间意识：如何取用瓶子和设备，是否有明确的移动路径，需要避免引发问题和撞到其他物件。
- 保持一致：除了个别款式的鸡尾酒要求进行调整外，吧台的设置方式应始终保持一致。每次调制鸡尾酒后，都要把设备或原料放回原位。随着时间推移，会形成肌肉记忆，这有助于轻松快速地调制鸡尾酒。

# 第三章
## 调制鸡尾酒的技术和术语

THE TECHNIQUES AND
TERMINOLOGY OF COCKTAILS

在鸡尾酒领域，有专用的语言和术语，需要我们进行解读。其中部分词汇用来表示所需的设备，另一些词汇用来表示调酒方法。本章的目标是尽量简单地分解和定义鸡尾酒术语。实质上，本章是一个详细的词汇表，提供了信息和说明，以及在适当情况下混合鸡尾酒中使用这种方法的原因。如果是调制鸡尾酒的新手，可以根据下面的信息决定购买什么样的设备和玻璃酒杯。这也是一本便捷的一站式技术和术语手册，在制作配方时，本书后面的内容可以作为参考。

我会在适当情况下说明为什么使用某件设备，或为什么首选某种技术。希望这些实用的"为什么"能帮助我们审视自己的需求、吧台布置和偏好，同时能有助于了解到所做的改变会产生什么样的影响。例如，现在没必要购买注射瓶（见第014页），尤其是调制鸡尾酒的预算有限时。但要知道，一瓶苦味酒中的注入调和器（见第020页）会比注射瓶中的注入调和器注入量多，所以当决定购买一个精致的注射瓶时，要考虑到这一变化，并相应地调整鸡尾酒配方。

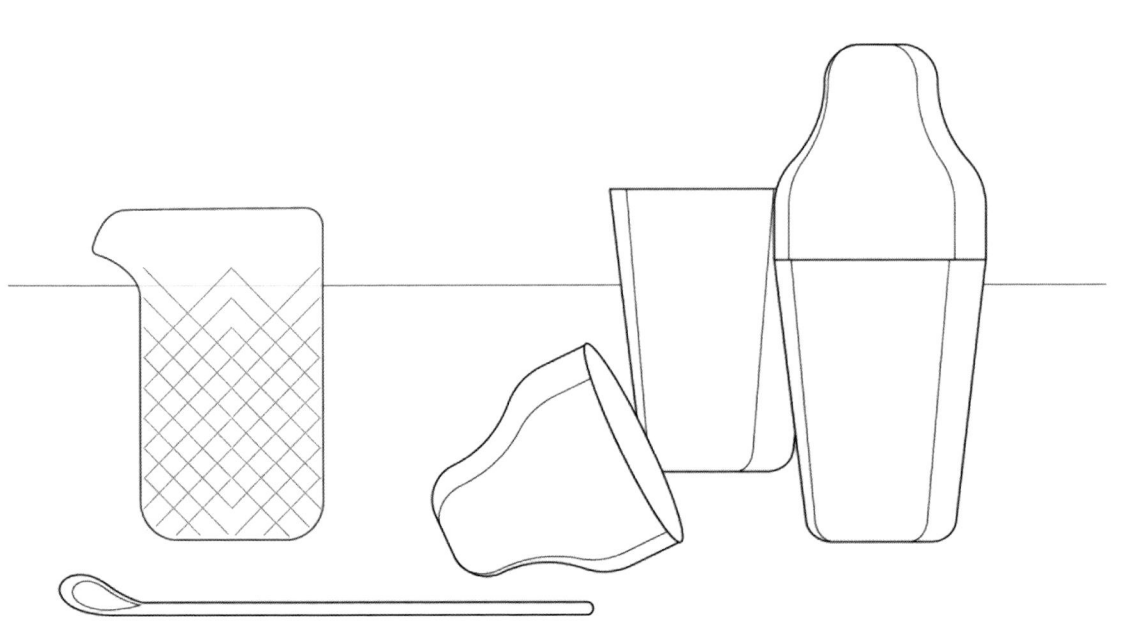

第三章　调制鸡尾酒的技术和术语　　011

# 关键设备
KEY EQUIPMENT

### 吧刀
锯齿状小刀，与番茄刀很像，用来切水果和装饰物。

### 吧匙
茶匙大小的调羹，带有螺旋状手柄，用来混匀鸡尾酒。吧匙的柄端可以是平的、圆的或分叉的；前两种稍重，用起来更顺滑。吧匙的螺旋状手柄便于在液体中滑动，也方便利口酒在分层酒中分层。

### 波士顿摇壶
传统的鸡尾酒摇壶，一半是玻璃杯，一半是金属杯，不过也有一些摇壶的两部分都是金属杯（通常称为"罐对罐"）。将两半密封起来，就可以摇匀鸡尾酒了。还可以将两半分开，只用金属杯或只用玻璃杯搅拌鸡尾酒，这取决于所调制的鸡尾酒的风格。另请参阅下文的"鸡尾酒罐"和"调酒杯"。

### 鸡尾酒罐
波士顿或巴黎摇壶的金属部分，通常会被单独用于搅拌鸡尾酒。金属具有良好的导热性，在锡罐中进行搅拌可以快速冷却鸡尾酒，从而避免过度稀释。

### 细滤网
一种金属滤网，类似于小细筛，上酒时，用于去除鸡尾酒中的小冰块。细滤网有时被称为"滤茶网"。

### 山楂滤网
该滤网专门用于调制鸡尾酒，可紧贴在鸡尾酒罐或混合杯的顶部。将酒倒出来时，滤网可以将冰块截留在杯子或罐子里。

### 量酒器
小型金属容器，能够精确测量液体体积。量酒器有多种尺寸，有些还是双面的，两端的体积各不相同。我推荐以下几种规格：20/40毫升（双面）、25毫升、35毫升和50毫升。为了精确测量，请始终将量酒器灌装到顶部或测量线。

### 量勺
本质上，量勺是一套套在环上的烘焙勺，用途广泛，在任何厨房都能派上大用场。通常情况下，每个勺子的大小以毫升或茶匙/汤匙的等量单位来表示。量勺很重要，因为可以用来精确测量非常小的液体体积。要想做到绝对精确，需要始终将勺填满至边缘。我更喜欢不锈钢套装，因为较为耐用，重量适中，使用方便。

### 调酒杯

玻璃制品，大且耐用，通常设有一个倾倒口，用于搅拌鸡尾酒。直壁搅拌杯最为实用，因为其形状更容易搅拌，并且可以使冰和酒充分接触，从而使稀释度和冷却度更加协调。调酒杯常被用来制作一些经典鸡尾酒，这些玻璃杯往往制作精美，增加了调制鸡尾酒的仪式感和视觉效果。

### 巴黎摇壶

带有金属底座的鸡尾酒摇壶，与波士顿摇壶类似。用于密封该摇壶的金属顶部呈圆形"瓶肩"形状。我喜欢这款摇壶，因为锡罐密封比玻璃罐密封更安全。巴黎摇壶通常比波士顿摇壶小，更易握持，也更利于控制鸡尾酒的稀释度，尤其是一次只喝一杯的情况下。与波士顿摇壶一样，底罐可以用来搅拌鸡尾酒。

## 其他设备
## ADDITIONAL EQUIPMENT

### 注射瓶

特制的小瓶，用于向酒中添加少量苦味剂。通常情况下，注射瓶中释放的液体量比苦味剂原装瓶中的量要少。如果使用注射瓶制作本书中的配方，则需要将剂量增加25%左右。

### 冰勺

一种用来舀起冰块并迅速装满鸡尾酒杯、锡罐或摇壶的工具。

### 冰夹

一种用来处理冰块并将其放入酒杯的工具。如果没有冰夹，也可以用勺子代替。

### 墨西哥弯头

手动柑橘榨汁机，可以高效地榨取柑橘类水果的汁液。可以买一个既能挤柠檬又能挤酸橙的墨西哥弯头。但如果已经有柑橘榨汁器了，也可以用它来榨取柑橘类水果。

# 玻璃酒杯
## GLASSWARE

玻璃酒杯是非常个性化的物品；无论你喜欢复古风、现代风还是简约风，都有很多精美的酒杯可供选择。你可能已经有了日常用的玻璃酒杯，比如可以用来装鸡尾酒的葡萄酒杯或高球杯，也可以再购买一些新的酒杯。为了控制成本和节省存储空间，我重点介绍了大多数经典鸡尾酒杯的关键外形，并在可能的情况下建议如何用一种玻璃杯盛放多种鸡尾酒。为了帮助理解，我提供了一些有关玻璃杯形状对液体影响的详细信息，包括每种玻璃杯的平均体积。

关于体积的说明，生产商在测量体积时测量的是玻璃杯装满至边缘的情况。这意味着玻璃杯的体积通常比鸡尾酒的量稍大一些，因为鸡尾酒会有一条洗线，这是液体在玻璃杯侧壁应该达到的位置线，理想情况下，洗线位于玻璃杯边缘下方一到两个食指宽度的位置。在选择玻璃酒杯时，需要考虑调制鸡尾酒的需求，以及洗线在玻璃杯上的位置。

当本书后续提到鸡尾酒配方时，我列出了每种稀释鸡尾酒的大致体积，如此一来，就能知道自己需要哪种尺寸的玻璃酒杯了。酒杯应大小适中，装酒时既不会外溢，又不至于看起来太空。如果选择的杯子体积不太合适，可以选择不同的风格、改变规则，或者考虑增加或减少鸡尾酒配方的量来适应杯子。但是，一定要考虑鸡尾酒是否会给自己和客人带来最佳体验。如果鸡尾酒较多，饮用完所需的时间更长，这些鸡尾酒容易变温，因此我更喜欢用小一些的玻璃杯，喝比较浓的鸡尾酒。

最后，本书提供的玻璃酒杯照片都遵循了这些原则，并且都具有商用价值。如此一来，这些图片就具有实用的视觉参考价值，能帮助我们理性购买，久而久之，就能建立起自己的玻璃酒杯收藏库了。

## 飞碟杯

这种酒杯又称为蝶形香槟杯或香槟碟，是一种带脚的鸡尾酒杯，杯口较宽，碗状呈圆形，通常可以容纳100～300毫升（3⅓～10盎司）的鸡尾酒。飞碟杯一直被用来盛放香槟，但有时也会遭人诟病，因为其表面积较大，气泡消散的速度很快，鸡尾酒上的气泡保留时间较短。不过，表面积较大，意味着酒中飘出来的香气较多，这些香气也更容易被鼻子察觉。如果混合物中有气泡，这种效果还会被放大。

除了香槟，飞碟杯与马提尼和曼哈顿等直饮鸡尾酒堪称绝配；饮酒时，握住杯柄，手上的热量不会传递到酒中。而且，如果玻璃杯的体积够大，那么也适用于酸性鸡尾酒。总之，飞碟杯是一种用途广泛的优质玻璃杯，值得购买。

## 长笛杯

平均体积在200～300毫升（6⅔～10盎司），一直以来都被用于盛放香槟。长笛杯的杯身细长，瓶口较窄。因为其瓶口狭窄，可以将气泡长时间保留在玻璃杯中，同时将酒的香气聚集在一处，长笛杯是盛放香槟和香槟鸡尾酒的首选盛器。

## 高球杯

一种体积在300～400毫升（10～13½盎司）之间的无柄玻璃杯，多用于盛装长饮鸡尾酒。一般是细长型，适合放冰块，而冰块是长饮鸡尾酒的常用原料。冰块会占用玻璃杯中的一部分空间，因此，为了调制出比例恰当的鸡尾酒，同时避免过度稀释，需要不断加入足够的冰块，直至装满高球杯。如果冰块加少了，就意味着酒的比例偏高，而且这种鸡尾酒通常需要使用混合器进行搅拌，稍有不慎就会过度搅拌，导致鸡尾酒过度稀释和失衡。

如果使用的是大高球杯，切记不要过度搅拌。记住杯子的体积，计算鸡尾酒的洗线——要比小高球杯洗线低。具体做法是，依据配方调制一杯测试鸡尾酒，用量酒器测量混合器。品尝鸡尾酒时，注意其整体稀释度，并确保其协调度正确。如果味道不佳，可以减少搅拌时间，降低原定的洗线位置。如果味道比较浓郁，可以增加搅拌时间，提高原定的洗线高度。在混合鸡尾酒时，需要多观察，并了解在特定的玻璃杯中需要搅拌的程度。

### 马提尼杯

从名字就可以知道，这种带柄玻璃杯带有经典的V形杯身，通常用于盛装马提尼酒。体积在200～300毫升（6⅔～10盎司）之间，也适合盛装其他少量浓郁的、可能带有酸味的鸡尾酒。与飞碟杯一样，马提尼杯柄脚为放置玻璃杯提供了位置，不会使酒升温。

### 岩石杯

一种短而宽的酒杯，有时也被称为不倒翁杯，适用于盛装浓郁且偏酸的鸡尾酒。岩石杯可以容纳各种形状的冰块，通常在250～350毫升（8½～11⅔盎司）的体积之间。从风格上讲，这是一种用途非常广泛的玻璃杯。在岩石玻璃杯中小酌一杯烈酒并不罕见，所以，对于这种杯子盛装的酒比其他类型杯子的酒少一些的情况，我们已经习以为常了。

### 酸酒杯

酸鸡尾酒可以在石杯或带柄的鸡尾酒杯（如大飞碟杯）中盛放饮用，也可以盛装在Nick and Nora中，这是一种高脚杯形状的玻璃杯，体积在150～200毫升（5～6⅔盎司）之间。理想情况下，需要一个开口较大的玻璃杯，这样，酸鸡尾酒表面的泡沫就只有薄薄的一层，当啜饮鸡尾酒时，就能同时喝到泡沫和酒。

### 红酒杯

一只带柄的玻璃杯，搭配有一个经典的杯身。酒杯的形状和大小各异，取决于所调制的酒的风格。这里并没有固定的鸡尾酒规则，但一般来说，一个体积在300～400毫升（10～13½盎司）之间的普通大小的白酒杯，对大体积的鸡尾酒非常有用，尤其是在想要进行混合，并从西班牙风格中汲取灵感，在一个大气球形状的酒杯中盛装杜松子酒和滋补品的时候。

酒杯应能容纳足够的冰块，让酒保持冰爽，同时还能装得下酒。我建议对高球杯也采用上述方法，在倒酒之前，测试一下鸡尾酒的洗线、平衡度和稀释度。郁金香酒杯比传统酒杯有更明显的锥形侧面，在香槟中很受欢迎；如果将这种酒杯放在飞碟杯和长笛杯之间，它们可以成为盛装香槟鸡尾酒的时尚玻璃杯。

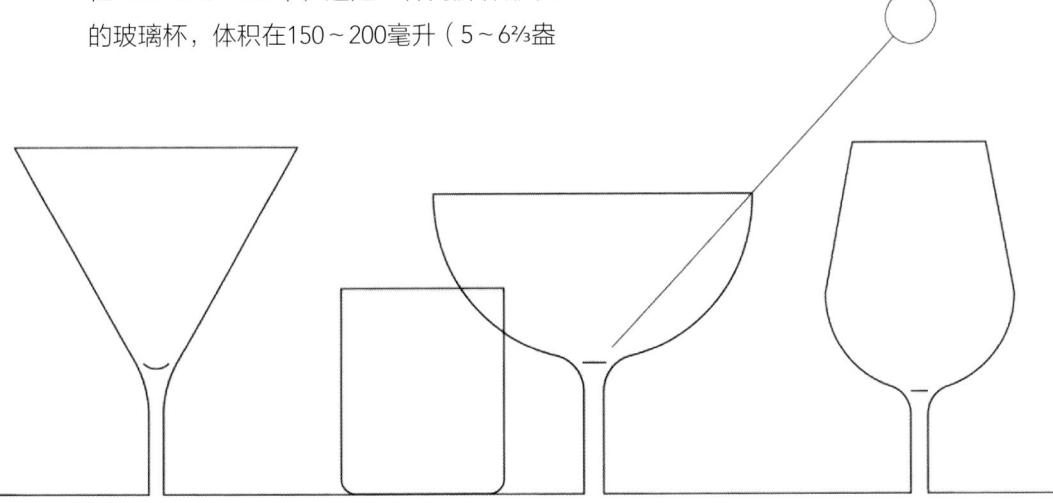

# 冰块和稀释
## ICE AND DILUTION

千万不要忽视冰的重要性——稀释不足、稀释过度或温热的鸡尾酒都算不上好酒。无论是什么鸡尾酒,冰块都能起到很大的作用。

优质的冰块质地坚硬,也就是说没有小坑或凹陷,就像在制冰机中制作出来的冰块一样,或者很小的凹陷。冰块最好是透明的,上面不能有霜。冰块的质量决定了融化的速度或者在摇酒时分解的速度。这一点非常重要,因为冰块会影响酒的稀释和冷却——优质的固体冰块可以缓慢而稳定地稀释,从而提升鸡尾酒的质量。如果想要了解更多关于稀释重要性的信息,请参阅第60页。

选定的鸡尾酒配方会决定所需的冰块类型;冰块最常用于混合和摇晃鸡尾酒。我在下文列出了各种类型的冰块,并对与冰、温度和稀释度有关的术语进行了定义和解释。

### 冰块

冰块既可以是特制的,也可以切成大块。如果想更强的视觉效果,那么对于装在岩石杯中的鸡尾酒来说,大块冰块是非常合适的,比如老式鸡尾酒。不过,大块冰块确实需要一些工具来切割。可以联系一家供应商,将冰块切割成更小、更实用的尺寸。

### 冰砾

冰砾本质上是一块长方形的长冰块,非常适合在高球杯里饮用。既可以购买这种形状的冰块,也可以自己动手制作,将冰块切成更粗糙的碎片。

### 小冰块

2.5~3厘米(1~1¼英寸)的固体小冰块,可用于稀释、冷却和保持酒的冰爽(在冰镇饮用时)。本书中的大多数配方都使用这种冰块。可以去超市里购买质量好的冰块——虽然价格稍贵,但效果更好。不过,如果要招待一群客人,我更倾向买小冰块,这样会更省心。

不然,我建议在家自制冰块,具体方法如下。

1. 首先,将用来制冰的水烧开,这有助于去除杂质,而且我们会发现,这样制出的冰一侧会很透明,另一侧则会比较模糊。
2. 等待沸水冷却,然后将其倒入冰盘、模具或其他合适的容器中,比如防冷冻塑料盒。
3. 将容器放入冷冻室,让水冷冻。为了获

得最佳制冰效果和更清澈的冰块，让水慢慢冷冻——在冰箱里，这可能不是人为可以控制的，但值得一试。

4　冷冻后，为了保持冰块新鲜和冷冻室无异味，要将其储存在密封袋或容器中，并放入冷冻室。

### 冷冻杯

有些配方建议在端上鸡尾酒之前先给杯子降温。为此，请在冰箱里预留出合适的位置，将杯子放在那里——大约需要一个小时的时间才能使其冷却。如果冰箱没有足够的空间，也可以在杯子中装满冰块——这一步应该在调制鸡尾酒之前完成。当鸡尾酒调制完成并准备倒入玻璃杯时，倒掉冰块和水槽中的水，然后按照配方中的过滤说明将鸡尾酒倒入冷却的玻璃杯中。

### 稀释

在鸡尾酒中加入水。品尝烈酒和其他鸡尾酒时，整体味道可能相当复杂，因此加水可以使这些味道发散开来，并有助于将所有成分融合到一款酒中。由于稀释会降低酒中的酒精含量和口味浓度，最终，鸡尾酒的味道会更顺滑，因此更可口。

### 加冰

有些配方会指导你在冰上调制鸡尾酒。所需冰块的类型会在鸡尾酒配方中注明，并取决于酒的风格和盛装酒的杯子。可以使用多个普通冰块、一个大冰块、球形冰块或大块冰块。大冰块和球体冰块可以在家里制作，只需要准备好所需的硅胶冰模，并按照上面的说明制作冰块即可。

### 纯饮

有些配方会要求上"纯饮"鸡尾酒，意思是不加冰块。

第三章　调制鸡尾酒的技术和术语　　019

# 技术
## TECHNIQUES

下文的单词和短语代表着特定的鸡尾酒制作技巧。如有需要,在本书后面涉及调制鸡尾酒配方时,可以参考此列表。

### 直调法
调制鸡尾酒的方法。"玻璃杯中直调"是指直接在玻璃杯里调制鸡尾酒。

### 注入调和器
注入调和器是一种小型液体计量器,通常用于测量苦味——指的是直接从苦味瓶(或注射瓶)摇入一"滴"液体至鸡尾酒中的苦味程度。本书中的所有配方都指的是附于原装苦味瓶上的注入调和器。特殊的注射瓶释放的液体更少,所以如果使用注入调和器,量要增加25%。

### 双重过滤法
使用山楂滤网和细滤网将酒从锡罐或搅拌杯中过滤到酒杯的操作说明。双重过滤法可以去除成品鸡尾酒中的任何细小冰块,防止进一步稀释,确保鸡尾酒口感顺滑。请注意,不要对含有蛋清的鸡尾酒进行双重过滤,否则,会破坏蛋清产生的泡沫。

### 干摇法
摇晃不含冰块鸡尾酒的操作。当鸡尾酒中含有蛋清时,通常需要使用这种方法,因为不加冰摇晃有助于形成蛋清所产生的泡沫质地以及泡沫顶部特性。有关操作说明,请参阅第22页的"摇晃法"部分。

### 装饰物
对鸡尾酒进行最后的润色和装饰。从传统意义上讲,装饰用的食材是水果或草药,但也可以是任何可食用的物品。装饰物通常会为鸡尾酒增添香气,而香气是鸡尾酒的第二个重要特征。

### 硬摇法
硬摇法需要在短时间内用力摇晃。这种方法可以在不过多添加稀释液的情况下,尽可能冷却酒并使其混合均匀。有关操作说明,请参阅下文的"摇晃法"部分。

### 捣碎
对于草药或水果而言,捣碎指的是通过研磨一种原料来提取其香气、味道和汁液的行为。可以使用鸡尾酒吧勺的平端来捣碎,或者使用一种特殊的捣碎工具,这种工具看起来像杵，但是用木头或塑料制成的。捣碎也可以用来打碎杯子里的方糖。

### 预调鸡尾酒

这是提前混合鸡尾酒原料的环节。实际上就是提前调制部分或整杯鸡尾酒，以备供应时使用。其目的是简化和加快鸡尾酒的调制过程，这样当需要招待很多客人时，就可以更快地将鸡尾酒送到客人手中。根据配方的要求，可能需要在上酒前稀释预调鸡尾酒。这意味着，在上酒时，需要特别注意预调鸡尾酒的温度，因为不能再通过搅拌冰块来冷却鸡尾酒。请严格遵循配方操作说明，确保完美的体验。

### 润洗

这是一种将利口酒或浓香烈酒涂抹在玻璃杯内部的方法，如此一来，可以在不增加鸡尾酒体积的情况下增加酒的味道。其好处是，在不改变鸡尾酒整体口味平衡的前提下，增加味道。

### 供酒

在为客人端上鸡尾酒时，应避免触摸杯子的上半部分——这是客人在饮酒时会接触到的部位。这样做主要是出于卫生考虑，同时也能防止热量从手传递到酒中。

### 搅拌法

这是一种将原料混合、稀释和冷藏来调制鸡尾酒的方法。搅拌是精准稀释鸡尾酒的方法，因为可以轻松、快速地品尝到酒的稀释度。如果需要更高的稀释度，可以继续搅拌。搅拌还会使酒更清澈。由于要提供冰冷的且适当稀释的鸡尾酒，搅拌时，请始终将鸡尾酒罐或搅拌杯放在底部，这样可以最大程度地减少手部热量传递。本书中所有搅拌鸡尾酒的配方都列出了所需的大致搅拌次数。不过，这只是一个近似值，冰块、工具和室温都会影响这些数值。

按照以下步骤操作：
1. 在鸡尾酒罐或调酒杯中加入冰块。
2. 按酒配方将鸡尾酒原料加入锡罐或玻璃杯中。

第三章　调制鸡尾酒的技术和术语

3　将棒勺和碗朝下，放入锡罐或搅拌杯中，确保勺背贴着容器内壁。

4　尽可能平稳地转动冰块，使其围绕着酒旋转。可以把这个动作理解为，在搅拌容器内推拉勺子，同时要让勺子背面紧贴容器内壁。用拇指和食指夹住勺柄就能做到；中指放在食指正下方，无名指放在拇指的同一侧。这样拿勺子会有足够的阻力和控制力，方便用手指围绕着容器转动勺子，记住这个动作。

5　搅拌鸡尾酒，直到混合并适度稀释。鸡尾酒配方中会显示需要搅拌的次数，但一定要注意任何可能影响搅拌次数要求的环境因素，例如炎热的天气或质量较差的冰块，这会更快地稀释鸡尾酒。上酒之前要品尝一下，以检查其稀释度。

### 摇晃法

摇晃法是在密封的鸡尾酒摇壶中调制鸡尾酒，能混合各种原料，稀释酒液，使其冷却并提升口感。摇匀的鸡尾酒在上酒时是浑浊的。

有多种鸡尾酒摇晃方式，有些纯粹是为了在调酒过程中增添表演效果。如需调好一杯摇匀的鸡尾酒，需要考虑将冰从罐子的一端移到另一端，这种简单而有力的动作会让鸡尾酒持续混合和稀释。以下是具体操作步骤。

1　将鸡尾酒摇壶较大的一半放在台面上，倒入冰块。

2　将鸡尾酒原料倒入小的一半摇壶，然后将混合物倒入装满冰块的摇壶中。

3　将摇壶盖紧，两边应紧密贴合，密封好。

4　拿起摇壶，一只手在上，另一只手在下。

5　上下摇晃摇壶。通常配方中会说明摇晃的时长。随着时间的推移和不断地练习，当鸡尾酒调好时，冰块发出的声音会发生变化。

如果进行干摇，只需按照上述步骤2的操作说明进行操作，其基本过程与普通摇晃法相同，只是不需要加冰。当酒调制好时，状态会发生变化——感觉像是膨胀了，移动时会更加顺滑。感觉到变化时，就可以停止摇晃了。确保酒基本处于壶的下半部分，然后小心地打开摇壶并装满冰块。接着，从头开始再次按操作说明进行操作。

如果使用硬摇法，同样按照上面的说明进行操作，但是在密封罐摇晃时，需要使用更大的力气并缩短时间，大约是常规摇晃时间的一半。

### 单次过滤

在将鸡尾酒滤入酒杯时，只需在鸡尾酒摇壶或搅拌杯中使用山楂滤网。对于含有蛋清的酸酒，通常采用单次过滤，这样可以保留酒中的泡沫和蛋清的质地。

### 品尝

为了检验鸡尾酒是否调制成功，需要亲自品尝一下。这种情况经常出现在鸡尾酒还在锡罐或玻璃杯中的时候。因此，如果需要更高的稀释度，可以继续搅拌或摇晃。最专业且最卫生的方法是使用一次性纸吸管。具体做法是将吸管放入酒中，用拇指和中指握住，然后用食指快速敲击吸管顶部，这样酒就会从吸管中流出。将食指放在吸管末端，把吸管从酒中取出。接着，用吸管将酒吸出，把湿润的一端放进嘴里，松开食指，让酒从吸管中流入口中，用完后将吸管丢掉。

### 加满

通常情况下，会直接在酒杯中加入苏打水或香槟等，这样就可以保留其气泡了。本质上是将起泡酒倒在其他鸡尾酒原料上，直到达到所需的洗线。这可以用眼睛观察，不一定要使用量酒器测量；必须注意洗线，否则鸡尾酒可能会被过度稀释或稀释不足（更多详细信息，请参阅第16页关于高球杯的部分）。通常需要在酒杯中轻轻搅拌加满的酒，将有气泡的酒与其他成分混合，同时保持气泡和起泡的完整性。

### 洗线

这是鸡尾酒在酒杯中要达到的位置。洗线通常位于玻璃杯边缘和边缘下方一个或两个食指宽度之间的位置。在适当的情况下，本书中的配方将提供洗线位置的详细信息。

橙子片

薄荷

橙皮卷

柠檬皮片

橄榄

柠檬皮卷

废弃的橙皮

青柠角

# 装饰物的类型
## TYPES OF GARNISH

### 果皮片

一小盘柑橘皮,用来装饰鸡尾酒。如果要切水果盘,可以按照以下步骤操作。

1. 将水果放在案板上,用一只手紧紧握住。
2. 使用吧刀削下一盘果皮,刀与水果表面要形成45°角。果皮背面可能会有一些核。这些没有影响,反而会让果盘的摆放更加美观。

### 废弃的果皮片

用废弃的果皮(通常是柑橘类果皮)做装饰物,切一小盘果皮,将果皮中的油涂抹在鸡尾酒表面。然后扔掉果皮,这样酒中会留下清新的柑橘香味。

如果要从果皮中提取油脂,请按照以下步骤操作。

1. 切一盘水果皮(见上文)。
2. 将果皮内侧向自己,用拇指和食指捏住果皮片。
3. 将手放在鸡尾酒表面上方约5厘米(2英寸)处,果皮表面朝向酒液,轻轻挤压果皮片,将柑橘油涂抹在酒的表面。油用完后,扔掉果皮。

第三章 调制鸡尾酒的技术和术语　　025

## 长柑橘皮

例如,"长柠檬"是指用来装饰鸡尾酒的一片"长柠檬皮"。通常情况下,果皮大小为5~6厘米(2~2½英寸),具体取决于玻璃杯的大小,因为果皮长度与玻璃杯要匹配。按照以下步骤切长柠檬。

1. 将水果放在案板上,用一只手紧紧握住。
2. 用吧刀从水果上切下一条长果皮,刀与水果皮呈45°角。根据需要的长度来切,从水果的顶部到底部切,也可以围绕水果的周围来切。
3. 果皮背面会有一些核——如果核过多,可以将果皮平放在案板上,核面朝上,切掉一些。将刀与案板平行,小心地切掉这些核。
4. 如果需要,可以将长柑橘皮切成平行四边形。

## 切片

这通常是指一片厚度均匀的柑橘类水果。一片水果皮通常呈半圆形,但如果水果较小,也可以是一整片,这种被称为"轮子"。如果酒杯太小,需要将半圆再次切成两半,形成一个直角扇形。对于较大的水果,如橙子或葡萄柚,这种切法也很有用。按照以下步骤切水果片。

1. 将水果放在案板上,用一只手紧紧握住。
2. 用吧刀与水果成90°角,将水果切成5毫米(¼英寸)的薄片。
3. 如果鸡尾酒杯只需要一小块,可以把每片都切成两半或四分之一。

## 扭柑橘皮

一块细长的柑橘皮,通常为6厘米长(2¼英寸)、1厘米宽(½英寸),扭成线圈状。然后,放置在酒杯边缘或玻璃杯内的冰上,保持平衡。请按照以下操作步骤扭柑橘皮。

1. 按照上面的步骤切一个长方形柑橘皮。
2. 用双手分别握住长柑橘皮的一端。
3. 将双手向相反的方向扭转。长柑橘皮会像弹簧一样卷曲。松开手时,果皮会松散一点,但会保持卷曲的形状。
4. 将柑橘皮放在鸡尾酒杯边缘或鸡尾酒表面的冰块上即可。

## 柠檬角

一段被切成楔形的柑橘类水果。柠檬角包括水果的果皮和果肉。按照以下步骤进行切割。

1. 把水果放在案板上,用刀将水果纵向对半切开。
2. 取其中一半,切面朝下,放在案板上。
3. 从一端到另一端,将水果切成均匀的楔形,切口要倾斜到果肉的中心。
4. 去掉水果上和果肉边缘的果核。

### 香草枝

一种草本植物的单个枝丫，包括叶子，通常长10～12厘米（4～5英寸）。

### 盐边

在玻璃杯边缘抹上粗海盐，最好选马尔登盐。可以提前准备好带盐边的玻璃杯，这样可以节省调制鸡尾酒的时间。要制作盐边，请按照以下步骤操作。

1. 首先切一片新鲜的柑橘，使其与鸡尾酒中使用的柑橘相匹配。
2. 将柑橘类水果的果肉环绕在玻璃杯的外缘，目标是在玻璃杯边缘以下5毫米（¼英寸）处形成一层均匀的果汁。
3. 将一把粗海盐放在一个小盘子里。将湿润的玻璃杯边缘放入盐中滚动，盐会沾附在玻璃杯上，形成整齐致密的盐边。

### 糖边

在玻璃杯的边缘抹上糖，最好选砂糖。可以提前准备好带糖边的玻璃杯，这样可以节省调制鸡尾酒的时间。可以参照上面制作盐边的步骤制作糖边，只需将盐换成砂糖即可。

# 第四章
# 基本原料

## BASIC INGREDIENTS

鸡尾酒的世界犹如一座满是宝藏的迷宫，各种优质原料等待我们去探寻，光是憧憬一番，就让人兴奋不已。调制鸡尾酒就仿佛是在琳琅满目的商品中挑选符合自己口味和需求的那一款。然而，面对如此纷繁复杂的选择，我们常常会望而却步，尤其是在预算有限的情况下，更是如此。

多元性是一个不容忽视的关键因素。一款多元化的产品能够在味道上达到一种美妙的平衡，满足你的各种小需求。由于这种可以到达平衡的鸡尾酒有可能在众多鸡尾酒中大放异彩，它势必会占据调酒宝库中名副其实的核心地位；其他所有产品都将成为陪衬，具体如何搭配，完全取决于自己的口味、心情和偏好。也可以将这些产品作为跳板，借助手头现有的食材，大胆尝试不同的鸡尾酒配方。

下面的原料表只是一个起点。我标出了心目中最为多元的产品，这些产品适用于多种鸡尾酒，能够做到物尽其用。首先，弄清楚从哪里入手（参阅第一章），了解如何调制鸡尾酒以及我们设置的关键要素。你可能希望先从最喜欢的烈酒或鸡尾酒入手，然后参考这些酒中所需的材料，挑选出应用范围最广的那些，一切准备就绪后，就可以由此及彼，调制其他类型的鸡尾酒。

在本章涉及的原料中，有一些在家里就能轻松搞定。我会标出适合在家尝试的原料，但是，如果想用外面买好的原料代替，那也是可以的。

# 伏特加

一款精心调制的伏特加酒，其口感应该如丝般柔滑，不会有过重的酒精灼烧感，也不会有刺鼻的化学气味或奇怪的香味。小麦、黑麦、土豆甚至大米（某些情况下）制成的伏特加在市面上很常见，其中小麦和黑麦在鸡尾酒中的应用最为广泛。就我个人而言，我更喜欢黑麦伏特加，因为它有温暖的奶油味，可以调制出纯净丝滑的鸡尾酒。

土豆味伏特加的口感可能更加醇厚浓郁，所以如果想尝试这种风格的伏特加，一定要先将这一点考虑进去。米制伏特加不太常见，但下面列出的日本伏特加就是一个很好的例子。

**百变杜松子酒的主要特征**：口感丝滑纯净。
**标准酒精含量**：40%
**鸡尾酒类型**：搅拌型、酸味型、长饮型。

## 维波罗瓦伏特加

**酒精含量**：40%，波兰黑麦伏特加。
**香气**：奶油味，淡淡的坚果味，伴烤黑麦的香味。
**口感**：初尝时，黑麦的香气在口中蔓延，有点像全麦面包的味道，随后逐渐释放出轻微的甜味和矿物质味。
**质地**：丝滑、温暖、奶油状
**风格**：经典奶油风格。

### 绝对 ELYX 伏特加

**酒精含量**：42.3%，瑞典豪华单庄园伏特加。
**香气**：散发着温暖清新的香味，夹杂着淡淡的谷物气息。
**口感**：纯净，带有淡淡的矿物味。
**质地**：极其光滑纯净。
**风格**：采用了当地小麦和铜蒸馏技术。

### 雪树伏特加

**酒精含量**：40%，波兰豪华黑麦伏特加。
**香气**：奶油香味，柔和的黑麦味。
**口感**：甜咸交织，矿物质味。
**质地**：细腻纯净，口感光滑。
**风格**：豪华伏特加，原料具有风土特色，保留了波兰伏特加的传统。

### 白日本顶级伏特加

**酒精含量**：40%，日本大米伏特加。
**香气**：淡淡的乳白色气息。
**口感**：甜美，奶油般丝滑，宛如大米布丁，蕴含精致的矿物味。
**质地**：轻盈、柔软、圆润。
**风格**：现代风格，注重原料的品质和过滤工艺。

# 杜松子酒

倘若只能购买一杯杜松子酒，那么经典伦敦干杜松子酒将是个不错的选择。我发现必富达是市场上最为平衡、最具多元性的产品之一，在各类杜松子酒鸡尾酒中都能崭露头角。

杜松子酒的世界辽阔无边：如有机会，一定要尝试让其他人来帮你建构味觉体系，发现个人偏好。

**杜松子酒的主要特征**：杜松、柑橘和木质味道相得益彰。
**酒精含量**：40%
**鸡尾酒类型**：香槟型、搅拌型、苦味型、酸味型、长饮型。

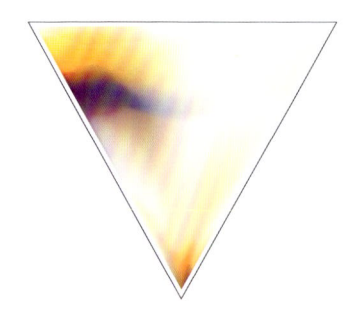

## 必富达伦敦干杜松子酒

**酒精含量**：40%，含9种植物原料（杜松子、柠檬皮、塞维利亚橘皮、杏仁、当归根、香菜籽、当归籽、鸢尾根、甘草根）。
**香气**：散发着柑橘与香菜籽的芬芳，并伴有杜松子的气息。
**口感**：入口先是柑橘的清新，随后是杜松的醇厚，最后出现微妙的杏仁和木质余味。
**质地**：浓郁丝滑。
**风格**：经典而不失繁复。这款杜松子酒在柑橘、杜松子和木材之间达到了良好的平衡。

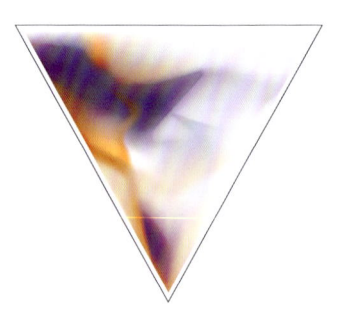

## 伦敦干杜松子酒

**酒精含量**：43.1%，含4种植物原料（杜松、当归、香菜籽、甘草）。
**香气**：先闻到杜松子的清香，随后是香菜的香气。
**口感**：杜松子和香菜籽的味道较为突出，随后整体转为清新的松树味道。
**质地**：纯净、细腻、微辣。
**风格**：经典、纯净、干爽的杜松子酒。

### 西普史密斯伦敦干杜松子酒

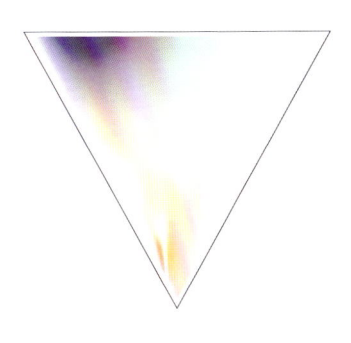

酒精含量：41.6%，含10种植物原料（杜松、香菜籽、当归、甘草、鸢尾、杏仁、桂皮、肉桂、塞维利亚橘皮、柠檬皮）。
香气：杜松子与柑橘的芬芳，融合绿色木材的清香。
口感：木质杜松子的醇厚，伴随着清新的柑橘果香，回味散发着植物的芳香。
质地：这款杜松子酒融合得恰到好处，口感丝滑，味道温和宜人。
风格：传统与前卫的思维交融，平衡了活泼明艳的元素，转化成更醇厚的树脂香调。

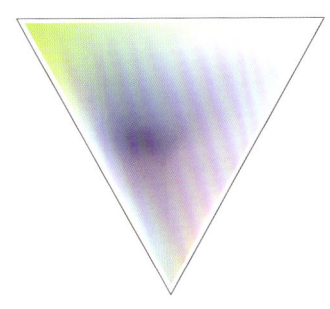

### 普利茅斯伦敦干杜松子酒

酒精含量：41.2%，采用7种植物原料（杜松子、香菜籽、橙皮、柠檬皮、当归根、绿豆蔻、鸢尾根）。
香气：杜松子、柑橘和香菜籽的香气交织。
口感：入口非常清新，随后逐渐出现了杜松子和柑橘的味道，最后转变成温暖、温和的木材气息。
质地：如丝般光滑，质地几乎柔软。
风格：经典、平衡、温和。

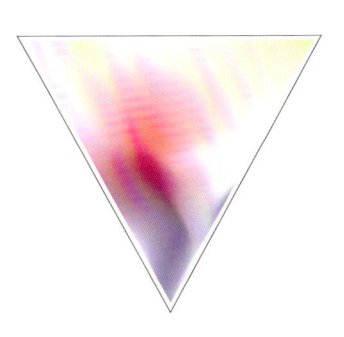

### 六金杜松子酒

酒精含量：43%，采用6种植物原料（包括樱花花瓣、樱叶、柚子皮、煎茶、玉露茶和桑葚胡椒），在传统杜松子酒的基础上构建而成。
香气：花香、草本、胡椒的香气交相辉映。
口感：花香明艳，逐渐转为草本胡椒和杜松子酒的风味，以木质和柑橘的余味收尾。
质地：粗犷又不失细腻，丝滑而清爽。
风格：现代风格、精巧雅致和芳香馥郁。

# 威士忌

有许多不同风格和类型的威士忌供我们探索，每种威士忌都有其独特的生产工艺和最终的风味。为了保证原料表中这一部分体现重点和实用性，我列出了我认为适合调制鸡尾酒的平衡和多元性产品。

**多样化威士忌的主要特征**：淡苏格兰威士忌和甜波旁威士忌在鸡尾酒类型中最实用。

**酒精含量**：40%～45%。

**鸡尾酒类型**：搅拌型、苦味型、酸味型、长饮型。

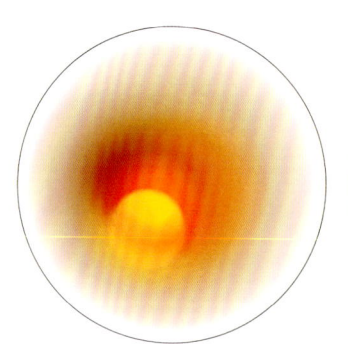

## 黑方威士忌

**酒精含量**：40%，一款拥有12年历史的苏格兰混合威士忌。

**香气**：散发着焦糖与香草的气息，略带烟熏烤谷物的味道。

**口感**：纯净纯粹，奶油质感，带着淡淡的甜味，烤谷物的味道逐渐转变为轻微的干爽和烟熏味。

**质地**：柔滑如丝，散发出淡淡的胡椒香气。

**风格**：平衡的甜味和烟熏味使其成为一款用途广泛的苏格兰威士忌。

## 三得利威士忌

**酒精含量**：43%，混合型日本威士忌。

**香气**：淡雅，清新，纯净，略带奶油味的谷香。

**口感**：辣椒的热量逐渐转化为蜜瓜的清甜。

**质地**：细腻且精准。

**风格**：轻盈而微妙，这款酒非常适合调制淡味威士忌鸡尾酒，如威士忌高球（见第191页）。

### 水牛足迹纯波本威士忌

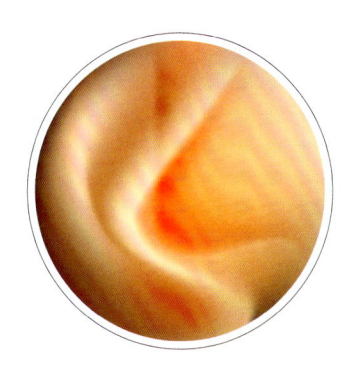

**酒精含量**：40%，由玉米、黑麦和大麦芽的混合物制成。在新橡木桶中陈酿。

**香气**：蕴含橙子、香草和橡木的香气。

**口感**：香草浸泡的橙子，伴随圆润的烤谷物味，转化成甜甜的太妃糖味。

**质地**：口感浓郁，略带干爽。

**风格**：经典平衡，令人惊艳的百搭威士忌。

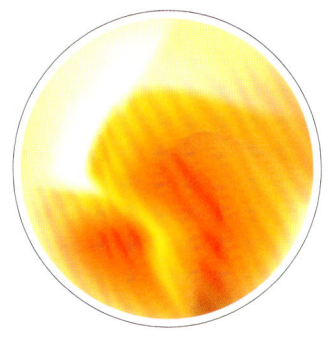

### 生产商标记肯塔基纯波旁威士忌

**酒精含量**：45%，使用柔软的红色冬小麦、玉米和麦芽大麦酿制而成。生产商标记中不使用黑麦。在经过调味和烧焦的美国白橡木桶中陈酿。

**香气**：散发着柑橘和香料的气息，伴有柔和的奶油糖果味。

**口感**：淡淡的橙色和柠檬味，与柔软甜美的焦糖完美融合。

**质地**：最初给人的感觉是光滑如丝，最终会转化成一种胡椒般的干爽感。

**风格**：尽管酒精含量较高，但这是一种较为清淡的波旁威士忌，在鸡尾酒中表现出色。

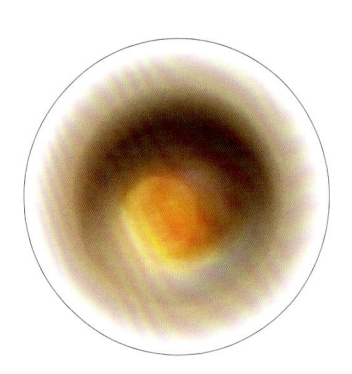

### 里滕豪斯纯黑麦威士忌

**酒精含量**：50%，主要原料是黑麦、玉米和麦芽大麦。

**香气**：散发着烤黑麦、香料和橡木的香气。

**口感**：深邃而浓郁的黑麦面包味，回味中带着橡木的香气。

**质地**：浓郁醇厚，伴随温和的热量。

**风格**：经典的黑麦威士忌，酒质和口感都非常出色。

# 朗姆酒

　　轻度陈酿的白朗姆酒在鸡尾酒中最为实用。如果想更深入地探索朗姆酒鸡尾酒，请查看配方要求，并在需要时购买金色和深色的朗姆酒。此处以古巴朗姆酒为例，因为这种酒最适合本书中的配方。

**全能轻规则的主要特征**：多汁且明艳。
**酒精含量**：40%。
**鸡尾酒类型**：香槟型，搅拌型，酸味型，长饮型。
**多变的金色或深色朗姆酒的主要特征**：金色朗姆酒虽然味道温和，但应具有一定的繁复性和略干的木香味。深色朗姆酒的颜色更深、味道更浓，糖蜜味道更重。
**标准酒精含量**：40%。
**鸡尾酒类型**：搅拌型，长饮型。

### 哈瓦那俱乐部三年

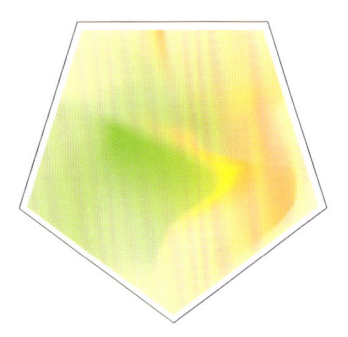

**酒精含量**：40%，这款古巴白朗姆酒由甘蔗糖蜜制成，并且经过了三年陈酿。

**香气**：多汁馥郁，散发着菠萝和新鲜香蕉的清香。

**口感**：仿佛绿甘蔗，进而转化成热带水果和香蕉的味道。

**质地**：鲜亮、清新、多汁。

**风格**：经典古巴朗姆酒，是调制鸡尾酒的理想选择。

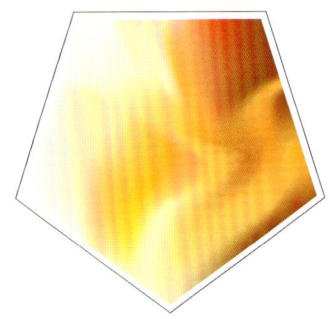

### 哈瓦那俱乐部七年

**酒精含量**：40%，在波旁旧桶中陈酿7年。

**香气**：浓郁的糖蜜和干果香气，略带橡木香气。

**口感**：糖蜜与烟草味，被甜美的热带干果中和。

**质地**：醇厚丝滑。

**风格**：经典的深色古巴朗姆酒，加冰块或单独用于调制鸡尾酒效果俱佳。

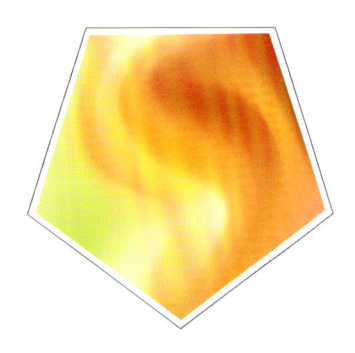

### 哈瓦那大师赛酒

**酒精含量**：45%，尽显哈瓦那顶级朗姆酒的魅力。木桶由手工精选，然后以更高的酒精含量装瓶，带来更浓郁、更美味的朗姆酒体验。

**香气**：散发着烤山核桃、焦糖、蜜糖水果的芬芳。

**口感**：焦糖菠萝和柑橘的味道，逐渐转化成温暖的可可和温和的香料橡木味。

**质地**：丰富丝滑，略带辛辣的干爽。

**风格**：优质古巴朗姆酒，适用于需要调制更具深度结构的经典搅拌鸡尾酒。

## 龙舌兰酒

　　这个小组的三款关键产品，为我们提供了一个良好的开端。第一款是白色或银色龙舌兰酒，由蓝色龙舌兰制成，你应颇为熟悉，最常用于玛格丽塔酒，是鸡尾酒类中的常用酒品。这种龙舌兰酒通常未经陈酿，或陈酿时间不到两个月，这意味着其味道鲜明而大胆。第二款是陈年雷帕多龙舌兰酒，极具探索价值，尤其是想调制一款更注重烈酒的龙舌兰鸡尾酒时。此时，龙舌兰酒已经在橡木桶中浸泡了至少两个月，最长可达一年。这种陈化过程给我们带来了一种木质与柔和的香草味，提供了更丰富的层次，调制出的龙舌兰酒更适合啜饮。

　　最后，我列出了一款梅斯卡尔酒供大家探索。梅斯卡尔酒与龙舌兰酒一样，都是以龙舌兰为基础的烈酒，但可以由不同类型的龙舌兰制成，龙舌兰植物的选择和加工方式为我们带来了各种各样的风味。鉴于龙舌兰的烹饪方式，梅斯卡尔酒的烟熏味往往比龙舌兰酒更重。但决不能只将梅斯卡尔酒视为一种烟熏味龙舌兰酒——这款产品真正展示了不同龙舌兰植物的品质、当地的风土人情和生产商的风格。由龙舌兰制成的梅斯卡尔酒有一种微甜、温和适度的味道。我发现这种酒的烟熏味温和而平易近人，为这种烈酒风格提供了一个平衡的介绍和起点。如果对龙舌兰的味道和传统感兴趣，那么梅斯卡尔酒可以是颇为有趣的探索方向。

**百花齐放的龙舌兰的主要特征**：纯净纯粹、不含化学原料。寻觅100%纯龙舌兰，追求至高品质。
**酒精含量**：38%～45%。
**鸡尾酒类型**：香槟型、搅拌型、苦味型、酸味型、长饮型。

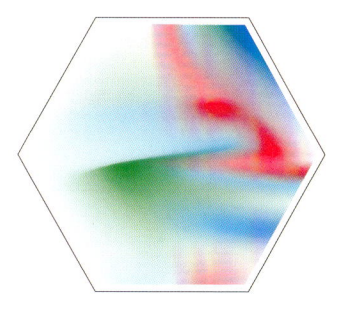

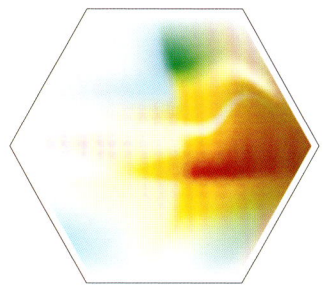

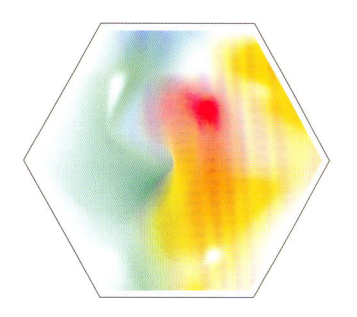

## 奥乔·布兰科

**酒精含量**：40%，单一庄园银色龙舌兰酒，由100%纯龙舌兰制成。

**香气**：散发着绿色植物的清香，近乎可口，给人一种多汁的印象。

**口感**：具有复杂的龙舌兰风味，逐渐产生出一种更干爽的木头味道。

**质地**：几乎是油性的口感，富含丝滑的热量。

**风格**：光滑平衡。

## 龙舌兰酒

**酒精含量**：38%，100%龙舌兰制成。在旧波旁酒桶中陈酿四个月。

**香气**：几乎是乳酸，带有青苹果的味道，给人一种可口的感觉。

**口感**：树脂味龙舌兰，略带胡椒味，中和成橡木味。

**质地**：丝滑柔滑，有一种圆润的奶油口感，并伴有一丝干爽。

**风格**：克制、流畅而又复杂。

## 埃斯帕丁

**酒精含量**：41%，由100%西班牙龙舌兰制成。

**香气**：散发着树脂味的烟香，闻起来有花香和甜味。

**口感**：明亮、纯净、充满活力。刚入口有酒精味，随后会品尝到绿色香草和纯净柑橘的味道。

**质地**：辛辣、纯净、有树脂感。

**风格**：温和而谦逊，但富有影响力。

# 干邑

在本书中，干邑的应用不像其他"黑暗精灵"那样广泛。然而，在一些最经典的鸡尾酒中，干邑仍占有一席之地。虽然其口感独一无二，但我认为这种酒的结构介于波旁威士忌和黄金陈酿朗姆酒之间。

**干邑的主要特征**：口感丝滑，有温和的水果味。

**酒精含量**：40%。

**鸡尾酒类型**：香槟型、搅拌型、酸味型、长饮型。

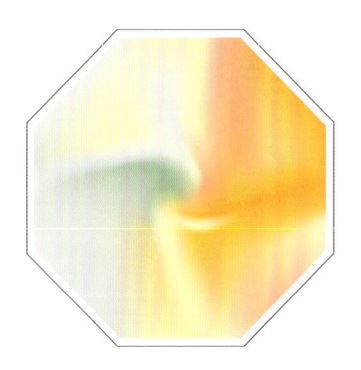

## 白兰地葡萄酒

**酒精含量**：40%，由Fins Bois和Grande Champagne 'Crus' eaux de vie混合而成，在桶中至少陈酿四年。

**香气**：甜橙与杏干的芬芳交织，木香细腻光滑。

**口感**：散发着干果的芳香，伴随着淡淡的香料味，转化为蜂蜜般的甜味。

**质地**：丝滑细腻。

**风格**：现代而平衡的干邑白兰地，成为经典鸡尾酒的多功能之选。

## 保乐苦艾酒

苦艾酒经常被误认为是利口酒，实则是一种高度芳香且独特的烈酒。苦艾酒并非适合所有人的口味，但如果钟情这种烈酒中浓郁的草药和茴香味，可能会喜欢探索其在鸡尾酒中的应用。

**多功能精华的主要特征**：具有清新绿色的草药味，能产生精确明亮的效果。
**酒精含量**：65%~70%。
**鸡尾酒类型**：香槟型、搅拌型。

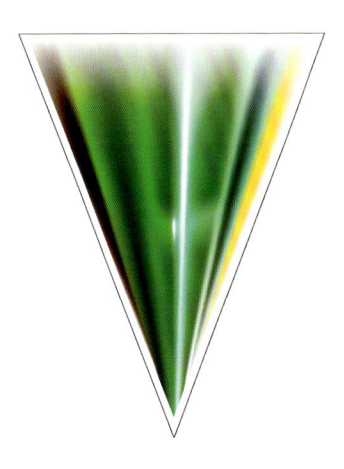

### 苦艾酒

**酒精含量**：68%，一种按照传统配方制成的历史悠久的苦艾酒。
**香气**：散发着绿色茴香和甘草的气息，伴有蜜糖柑橘的味道。
**口感**：浓郁的茴香、绿色香草和甘草的甜味令人回味。
**质地**：口感油润，入口凉爽，回味温暖。
**风格**：经典的苦艾酒，口味平衡。

# 鸡尾酒苦味酒

作为鸡尾酒中的"调味料",鸡尾酒苦味酒的口味多种多样,可从超市和专业鸡尾酒供应商处获得。我在下面列出了最常用的苦味酒。这些产品的保质期很长,所以手边多种选择非常方便。

**主要特征**:虽然所有苦味酒在鸡尾酒中都具有强烈的苦味和芳香,但其味道却各有千秋,从浓郁的木香味到淡雅的水果味。可以参考您的鸡尾酒配方,选择所需的苦味酒。

**酒精含量**:28%~45%。

**鸡尾酒类型**:香槟型、搅拌型、酸味型、长饮型。

## 安哥斯图拉苦酒

最具标志性和经典的鸡尾酒苦味酒,在众多鸡尾酒中都大有用处。无论鸡尾酒之旅从哪里开启,手边常备一瓶安哥斯图拉苦酒总是没错的。

**香气**:丁香、肉豆蔻和肉桂的香味交织,营造出一种温暖的香料气息。

**口感**:丁香味逐渐转化成一种温暖的香料、干木材和龙胆味,回味略带苦味酒。

**口感**:苦味刺激。

**风格**:经典,苦味平衡。

## 皮肖苦味酒

这些鲜艳的粉红色的苦味酒,在芳香较淡的经典鸡尾酒中效果显著。

**香气**:散发着药用气息,伴随茴香和蜜汁柑橘的味道。

**口感**：更鲜明的苦味，带有草药味，近乎花香。
**质地**：口感清爽，略带一丝苦味酒。
**风格**：高度芳香的鸡尾酒苦味酒，不仅有苦味，更具芳香。

## 橙苦味酒

市场上的橙汁种类繁多。最重要的是要挑选一种具有纯净、细腻柑橘味且回味苦涩的橙汁。我发现安高天娜橙苦味酒有一种明亮而强烈的橙色调。如果喜欢，其他广泛使用的品牌会提供更丰富的香料味选择。
**香气**：散发着新鲜橘皮的清香。
**口感**：明亮多汁的橙皮味，顺口滑入更具五香的橙味中。
**质地**：口感多汁，略带一丝苦味。

**风格**：多汁的柑橘味苦味酒。

## 葡萄柚苦味酒

与橙苦味酒一样，葡萄柚苦味酒应该是干爽明亮的，带有淡淡的柑橘味和葡萄柚中常见的轻微木质香气。我发现苦味啤酒花葡萄柚苦味酒就是一个很好的例子。
**香气**：散发着新鲜葡萄柚皮的香味，近乎香水味。
**口感**：明亮、干爽的葡萄柚皮，转化成干爽、恰到好处的苦味。
**质地**：口感细腻。
**风格**：干爽的柑橘苦味。

## 博克苦味酒

博客苦味酒是一种独特且更专业的鸡尾酒苦味酒，博克苦精源于历史配方，常用于一些经典鸡尾酒，特别是马丁内斯。
**香气**：明亮，散发着干柑橘和绿色豆蔻的味道，令人感到清新明快。
**口感**：绿色豆蔻的清新转化成一种挥之不去的干苦味。温暖，微妙的香料为整体味道增加了一些醇厚。
**质地**：口感干爽细腻。
**风格**：纯净而专注的苦味风格。

# 利口酒

一般来说，利口酒是一种具有水果或草药味的烈酒，其中添加了糖，这意味着这种酒具有明显的甜味。奶油利口酒的含糖量比标准利口酒更高。我在下面列出了一些可能有帮助的产品。

## 金巴利

这是一种苦甜交织的意大利利口酒，是意大利苦味鸡尾酒的核心原料。坎帕里的配方是一个秘密，但我们知道它含有多种香草、鲜花、苦木和柑橘皮。

**酒精含量**：25%。

**鸡尾酒类型**：苦味酒。

## 三秒酒

我最钟爱的这款橙味利口酒名为三柑橘。这款酒使用三种类型柑橘（苦橙、血橙和柠檬）调制而成，口感复杂，色泽明艳，堪称三秒利口酒的典范。

**酒精含量**：40%。

**鸡尾酒类型**：搅拌型、酸味型、长饮型。

## 苦杏仁利口酒

这款经过烘烤的坚果杏仁利口酒别具风味，是最具标志性的酸味鸡尾酒（苦杏仁酸）的基础（见第206页）。有些苦杏仁是用杏、樱桃核以及杏仁制成。尝试寻找一种甜度低、更干爽、有明显烤杏仁味道的苦杏仁酒。

**酒精含量**：25%～30%。

**鸡尾酒类型**：酸味型。

## 阿佩罗

另一种苦中带甜的意大利利口酒，是广受欢迎的阿佩罗雪碧的基础（见第137页）。虽然仍旧带苦味，但甜度比坎帕利高，且散发着一种大黄的水果清香。

**酒精含量**：11%。

**鸡尾酒类型**：苦味酒。

## 马拉希诺利口酒

马拉希诺利口酒是由欧洲樱桃制成的优质产品，具有浓郁的水果香气，还略带杏仁味。

**酒精含量**：32%。

**鸡尾酒类型**：搅拌型、酸味型。

## 黑醋栗

梅洛出产的传统黑醋栗品质上乘，其富含浓郁的黑加仑味，纯净精准，是调制鸡尾酒的不二之选。

**酒精含量**：20%。

**鸡尾酒类型**：香槟型、长饮型。

# 葡萄酒

葡萄酒本身就是一个丰富多彩的世界，不在本书的讨论范围内。但我确实想谈谈在鸡尾酒中使用葡萄酒时需要考虑的几个关键因素。

## 水果利口酒

一般来说，水果利口酒是方便易得的产品，可以帮助我们探索个人的口味偏好。我发现梅洛品牌的水果利口酒的强度和口感都最为出众且始终如一。他们的水果种植、干邑和利口酒生产传统确实在其产品质量上体现得淋漓尽致。

酒精含量：18%～20%。

鸡尾酒类型：香槟型、酸味型、长饮型。

## 香槟酒

天然香槟的口感稍干，在鸡尾酒中创造了最平衡的、从甜到酸的口感体验。而其芳香原料，则取决于个人偏好。味道更清淡、更新鲜的香槟酒带有清新和夏季核果的味道，适合各种鸡尾酒。带有饼干味的温热香槟也有独特之处，能产生意想不到的效果。不要认为必须花大价钱才能买到好香槟。虽然大公司生产的香槟液体质量和稠度令人惊叹，但小公司也可以生产出高质量的产品。我曾在一家商业街上的超市买了一瓶便宜的香槟，它在鸡尾酒中的表现非常惊艳。

酒精含量：12%。

鸡尾酒类型：香槟型。

## 普罗塞克

这种意大利起泡酒在苦味鸡尾酒中非常有用。寻找一款具有明亮绿色香气和纯净回味的普罗塞克。酸多于甜的普罗塞克酒与苦乐参半的意大利利口酒相比能更好地平衡。

酒精含量：12%。

鸡尾酒类型：苦味型。

## 红葡萄酒

经证明，与鸡尾酒搭配时，一款单宁结构温和、口感多汁的红酒是最实用的。任何过于与众不同的东西都可能破坏鸡尾酒的平衡感。

酒精含量：11%～14%。

鸡尾酒类型：酸味型。

# 苦艾酒

苦艾酒是一种添加了精选植物材料的强化葡萄酒。其成酒具有复杂的风味特征；草药、柑橘和花香以及苦涩的树林和香料气息交相辉映。苦艾酒是经典鸡尾酒的关键原料。在鸡尾酒的探索之旅中，某个时刻值得探索一些不同的选择，找到自己最喜欢的那一款。

## 干苦艾酒

这款苦艾酒以白葡萄酒为基酒，口感纯净、色泽明亮、味道干爽，常被用于调制马提尼酒。我认为多林干苦艾是一个平衡的选择，也是一个很不错的起点。

**鸡尾酒类型**：搅拌型、酸味型。

## 甜苦艾酒

甜苦艾酒以红葡萄酒为基酒，口感温暖、浓郁、果味醇厚，带有一种易于接受的苦味。这种复杂的苦艾酒种类繁多，能够与各种烈酒在鸡尾酒中搭配。卡帕诺生产的一系列甜味苦艾酒，在鸡尾酒中能达到良好的平衡。

**酒精含量**：16%。

**鸡尾酒类型**：搅拌型、苦味型。

## 糖浆

糖浆在鸡尾酒中扮演着举足轻重的作用——它为我们提供了一种可控的添加甜味的方式。在某些情况下，糖浆还能为鸡尾酒增添额外的风味。大多数糖浆都可以买到，在家里调制也很容易——我在下面列出了一些调制配方。如果确实要购买糖浆，尽量寻找质量最好的，避免使用含有不必要原料的产品，如增稠剂。

### 糖浆

这是调制鸡尾酒的必备品，也是我们鸡尾酒中使用的基础糖浆。如果购买糖浆，应选择纯甘蔗糖浆。如果想在家里自制，请按照以下步骤操作。我们来调制500毫升（17盎司）糖浆。

1. 首先，将400克（14盎司）白砂糖放进耐热碗里。
2. 然后，往碗里加入200毫升（6⅔盎司）的热水——可以是水壶里烧好的热水。
3. 接着，搅拌搅拌，让糖在水中彻底溶解。
4. 最后，将糖浆装进密封瓶里，放进冰箱冷藏起来，这样可以保存一周。

### 龙舌兰糖浆

龙舌兰糖浆是由龙舌兰植物的汁液制成的，因其风味独特，主要用于龙舌兰和梅斯卡尔鸡尾酒。在大多数健康食品店均可购买到龙舌兰糖浆；将购买的糖浆稀释后用于鸡尾酒中，不仅更容易使用，还能为本书中的鸡尾酒带来更平衡的甜味。我们来调制300毫升（10盎司）糖浆。

1. 首先，从买回来的龙舌兰糖浆中量取200毫升（6⅔盎司）出来，放进一个耐热罐里。
2. 然后，往罐子里加入100毫升（3⅓盎司）热水——可以是水壶里烧好的热水。
3. 接着，搅拌搅拌，让龙舌兰糖浆在水中彻底溶解掉。
4. 最后，将糖浆装进密封瓶里，放进冰箱冷藏起来，当天就要用完。

### 石榴汁

红石榴汁糖浆是一种用石榴汁制成的糖浆。虽然可以购买这种糖浆，但我更喜欢用果汁和糖调制，因为我觉得这样味道更纯正。在当地的健康食品店寻找优质的石榴汁。我们来调制300毫升（10盎司）糖浆。

1. 首先，把200克（7盎司）白砂糖放入搅拌碗里。
2. 然后，往碗里加入200毫升（6⅔盎司）石榴汁。
3. 接着，搅拌搅拌，让糖完全溶解在石榴汁里。
4. 最后，将糖浆装进密封瓶里，放进冰箱冷藏起来，这样可以保存一周。

### 树莓糖浆

出于稠度考虑，我喜欢使用预先调制的树莓糖浆。新鲜水果的味道各不相同，如果我们想提供口味一致的鸡尾酒，这对我们来说可能是个问题。在选择树莓糖浆时，要寻找能找到的最好品质。也就是说，如果在夏天，手头有多余的树莓，可以查阅自制树莓糖浆的配方，享受三叶草俱乐部（见第169页）。

### 杏仁糖浆

香料糖浆是一种杏仁糖浆。由于现在有很多高质量的坚果奶可供购买，我建议自己调制。一定要找一种没有增稠剂的杏仁奶，因为这会改变糖浆的质地。按照以下步骤调制475毫升（16盎司）杏仁糖浆：

1. 首先，把350克（12⅓盎司）白砂糖放进碗中。
2. 然后，往碗里加入250毫升（8½盎司）杏仁奶。
3. 接着，搅拌搅拌，直到糖彻底溶解在杏仁奶中。
4. 然后，往糖浆中加入2.5毫升（½茶匙）橙花水，搅拌搅拌，混合均匀。
5. 最后，将糖浆存入密封瓶里，放进冰箱冷藏起来，这样可以保存一周。

### 蜂蜜糖浆

蜂蜜用于一小部分鸡尾酒。与龙舌兰糖浆一样，蜂蜜也需要稀释，使其口感更佳，使用更方便。有关配方，参阅第084页。甜味酒通常是浓缩的，食用前需要稀释。甜味酒在鸡尾酒中非常有用，因为它们能提供香气以及甜味和酸味，在吉姆雷特等鸡尾酒中创造出平衡的整体风味（见第097页）。虽然我们在这本书中只使用酸橙甜味酒，但可以通过使用甜味酒来探索各种口味。现在，在超市和更专业的食品供应商那里很容易找到高质量的甜味酒。而且你可能也想尝试下自己调制。

---

## 甜味酒

我将甜味酒定义为一种酸性调味糖浆。甜味酒通常是浓缩的，需要在饮用之前稀释。甜味酒是调制鸡尾酒不可或缺的原料，可以产生香气、甜味和酸味，从而平衡吉姆雷特（见第097页）之类的鸡尾酒的整体口味。虽然本书中只使用了酸橙甜味酒，但在日常生活中可以通过使用不同种类的甜味酒来探索各种口味。在超市及更专业的食品供应商那里很可以轻易购买到高质量的甜味酒。也可以尝试自己制作甜味酒。

# 水果和果汁

在鸡尾酒的世界里,柑橘通常有两种用途:当我们需要水果皮时,柑橘可以作为装饰;当我们需要果汁时,柑橘可以作为酸化剂。如果买水果是为了去皮,一定要确保水果没有上蜡。说到柑橘汁,我建议买新鲜水果榨汁;这样榨出的果汁颜色会更明亮。新鲜果汁在被挤压后24小时内将达到最佳状态。如果确实购买了果汁,试着找到最佳质量,在给客人端上之前,建议先在鸡尾酒中测试一下。注意果汁的甜度和酸味,以确保味道平衡,并遵循以下具体建议。最后,如果找到了适合自己的果汁品牌,建议坚持使用,这样有助于保持鸡尾酒的一致性。

## 柠檬和酸橙

柠檬和酸橙常用于调制鸡尾酒中的果汁;水果和果皮也可用作装饰物。一个柠檬大约可以提供约40毫升(1⅓盎司)的果汁。一个酸橙大约可以提供30毫升(1盎司)的果汁。

## 橘子

调制鸡尾酒时,常用橙子来榨汁;其果肉和果皮也常用作装饰物。一个大橙子大约可以榨出70毫升(2⅓盎司)果汁。如果是购买的橙汁,品尝时,需要留意甜度和酸度的比例是否恰当。我经常发现超市里的果汁味道较酸,所以可能需要在使用前加一点糖。具体加多少,可以根据自己的喜好来把握。

## 粉红葡萄柚

粉红葡萄柚是常用的调制鸡尾酒的果汁,其果肉和果皮可用作装饰。一个葡萄柚可以榨出约200毫升(6⅔盎司)的果汁。

与购买橙汁时一样,如果决定购买葡萄柚汁,检查所选的鸡尾酒的口感是否达到平衡,如有必要,可以加入少许糖。

## 蔓越莓汁

我发现健康食品商店里卖的蔓越莓汁是最好的。这些果汁的蔓越莓味往往更浓郁;对我来说,超市品牌的味道更像是普通的"红色水果"。不同品牌的蔓越莓汁差异很大,所以如果找到适合自己的果汁,就坚持使用。

## 番茄汁

这是血腥玛丽的关键原料(见第192页)。现在市面上有那种高质量的番茄汁,专为血腥玛丽而设计的,而且这些番茄汁通常在超市里就能买到。这种果汁往往已经含有香料和调味料,非常方便。如果你钟爱血腥玛丽,请留意这些产品,并试着挑选出最喜欢的产品。

第四章 基本原料

## 其他原料

以下原料可用于调制某些特定的鸡尾酒。有些原料,比如鸡蛋,可能是厨房里的常用食材。而其他原料,如苦艾酒,则可以在鸡尾酒中替代酸味剂,保质期较长。在选择和使用这些原料时,我考虑了一些因素。

### 蛋清

蛋清主要用于酸性鸡尾酒中,以产生某些饮料所需的泡沫。如果要调制这些鸡尾酒,需确保蛋清足够新鲜,同时注意客人的任何饮食要求——有些人可能不适合食用生蛋清。可以选择使用巴氏杀菌蛋,这些蛋一般是装在纸箱里售卖的。唯一的区别就是泡沫会少一点,而且保持的时间较短。

### 无蛋发泡剂

可在网上购买,可用作鸡尾酒中的蛋清替代品。在鸡尾酒中加入几滴,干摇,然后加冰摇,会产生高质量的泡沫。做一点研究可能会发现其他类似的产品。

### 酸葡萄汁

这是一种微酸、微甜的醋,由压制的红葡萄或白葡萄汁制成。当你需要酸化剂来代替柠檬汁或青柠汁时,这是一种很实用的产品。其温和的酸味和略带清新的水果芳香,能使鸡尾酒的味道更趋于平衡。传统上,酸葡萄汁被用作食品中的防腐剂或调味汁和酱汁,这使其成为一种非常实用的常备产品。

### 橄榄

倘若有意调制马提尼酒,那么优质、无香料添加的橄榄定然是不可或缺的。至于类型和风格,绿橄榄是经典之选,但最终选择哪个取决于个人偏好。如果储存在油中,使用前需快速冲洗一下,否则饮料上会漂浮着油滴。倘若调制脏马提尼(见第095页和第101页),则需要确保橄榄是用盐水而非油制成的。

### 银皮腌洋葱

银皮腌洋葱乃是吉布森的关键原料(见第096页)。若想达到最佳效果,可以选择最小的鸡尾酒洋葱,因为其大小与这种饮品匹配。如果没有,可以选择能找到的最小的银皮腌洋葱,切记,要选酸醋腌制而不是甜醋腌制的。

## 茶

在本书的后文和定制配方开发时，选择优质的红茶和绿茶的茶叶会有很大的帮助；茶的单宁结构，加上其烘烤和/或明亮的香气，应用在鸡尾酒中效果显著。茶的保质期很长，可以用来调制鸡尾酒，但如果还未达到那个阶段，也可以自己冲泡享用。我非常喜欢通过一家名为Be-oom的供应商来探索韩国的茶。如果对茶感兴趣，或者想探索它在鸡尾酒中的用途，那么我建议调查一下从小型和大型供应商那里可以购买到的产品。

## 研磨咖啡

倘若偏爱意式浓缩马提尼（见第202页），一定要确保手边有优质的研磨咖啡。最近这些年，这个市场蓬勃发展，小众咖啡烘焙商生产出了独具特色的咖啡，可供大家在鸡尾酒中进行尝试。对我来说，味道的平衡至关重要，因为家里没有专业的咖啡调制设备，我对新的生产商很感兴趣，他们正在弥合质量和便利性之间的差距。在咖啡这个领域中，工匠咖啡公司处于领先地位，如果你和我一样，对咖啡的要求不高，可以尝试下这个公司的产品。看看当地的咖啡选择，调整一下咖啡设置——也许你刚好也想试试自己在家研磨咖啡豆呢。

## 混合器

挑选一些搅拌器，如苏打水、滋补水、姜汁啤酒和姜汁麦芽酒，妥善储存，以备不时之需。现在很多这样的产品都采用单人份小罐装的形式，这点我很喜欢。如果只做一两杯饮品，就不必浪费一大瓶搅拌器。虽然在这本书的任何配方中都没有使用过滋补水，但还是有必要储存几罐或几瓶的。如果你正在款待客人，并且需要在忙碌的时候快速提供饮品，金酒与汤力水的混合鸡尾酒一定可以为你争取时间，让客人满意。

第五章
# 五种基本口感及补充

THE FIVE BASIC TASTES
AND MORE

甜、酸、苦、咸、鲜是我们熟知的几种基本的口感。众所周知，当这些口感与香味完美结合时，就可以创造出佳肴美馔。有关食物的见解可以作为我们调制鸡尾酒的起点——然而，调制一杯鸡尾酒远非我们看到的那样简单。你可以手持一杯饮品，无论是鸡尾酒、葡萄酒还是不含酒精的饮品，边品味边阅读本章节。快去拿点喝的吧，接下来我们将一起探讨鸡尾酒的定义及其调制方法。

与一杯饮品相比，一盘食物提供了更多选择。你可以选择先吃哪种食材，然后再吃与之搭配的其他成分。还可以随时改变食用不同食材的顺序和组合。也可以将特定的成分留到最后再吃；不知道还有没有人像我一样喜欢把约克郡布丁留到最后再吃呢？所有这些都意味着用餐体验因人而异且可以在用餐过程中随心所欲地改变。饮品是装在玻璃杯中供人饮用的液体，也是最简单的用餐形式。玻璃杯中饮品的口感已经固定了；你无法选择中途改变饮用体验，也无法把哪一特定部分留到最后再喝（除非喜欢在马提尼里加橄榄——我们稍后再谈）。除了温度略有升高，或者加冰饮品会稍有一些稀释外，饮品的特性从开始到结束基本相同。边品尝饮品边看书时，记下第一口和最后一口有何不同。

当我们调制或饮用鸡尾酒时，其实是在提供或追求一种固定的体验，这改变了我们与饮品之间的关系。在调制鸡尾酒之前，需要考虑相应的情绪、偏好、结构和机制。这可能听起来很复杂，但归根结底，你是在扮演主人的角色，策划适合自己和客人的饮品。制订菜单时，也会采取完全相同的方法——把鸡尾酒当作额外的一道菜。不妨尝试着在读书的时候，为自己调制一杯饮品。你喜欢这样做吗？为什么喜欢或为什么不喜欢？出于什么原因选择了这种饮品，是因为方便，口味，还是怀旧？某种风味或口感是否开始形成并占主导地位？在我们继续时，记下自己的想法，记住答案没有正确或错误之分，只是在特定时刻对饮品的理解而已。

第一章中的内容为我们理解鸡尾酒奠定了基础。我写本章节的目的是增加一个核心结构：帮助大家培养一种意识，即需要考虑哪些因素才能提供美味可口和令人愉悦的饮品。这一章的知识有助于了解鸡尾酒的潜力，这样当下次研究配方或查看菜单时，就可以想象出这种饮品的口感，还能更深入地了解即将获得的体验。此外，还能将这种核心结构方法用于饮品中使用的产品和成分。这一见解将帮助最大限度地利用家庭酒吧，最终，我希望能够将这种思维模式应用到现有的"非传统"食材上。比方说，你会知道，如果没有柑橘，可以用什么东西来替代，以及如何将鸡尾酒配方调制成适应自己的口味。让我们从用餐体验开始吧。现在，我们来更深入地逐个研究与鸡尾酒的口感、风味和偏好有关的元素。

# 基本口感
## OUR FOUNDATIONS

不知道你是否留意过，每天吃进肚子里的美食和喝进去的饮品都涉及这五种基本口感。这些感受共同构成了鸡尾酒的基本口感。我在下文准备了一些小测试，帮助大家认识基本的口感、风味和芳香结构。

### 甜

我们都希望减少糖分的摄入量，但在饮品中加入少许糖，对调制出口感平衡且令人愉悦的鸡尾酒大有裨益。这有助于感知口感，缓和酒精带给味蕾的刺激，使鸡尾酒更显醇厚。基于这些原因，很少有鸡尾酒是不含糖的。就算没有加入糖浆，果汁、苦艾酒或利口酒中也存在糖分。本书中的配方所用的糖或甜味成分的配方是平衡的，有助于调制出一杯广受喜爱的鸡尾酒。我建议按配方调制鸡尾酒，这样就能先了解糖是如何发挥作用的。然后，如果你认为有必要减少或增加鸡尾酒中的糖分，可以慢慢地不断尝试调制，这样可以更好地判断调制的效果，并尽可能保持口感平衡。

---

**口感测试**

1. 按照冲泡说明冲泡200毫升（6⅔盎司）标准红茶。
2. 把液体分别倒入两个耐热玻璃杯或茶杯中。
3. 仅在其中一个杯中加入一茶匙糖，搅拌至溶解。等待液体冷却至室温，或将其放入冰箱冷藏。
4. 并排去尝下加糖和不加糖的茶，注意两种茶的口感、芳香、涩味和质地有何不同。

### 酸

酸味着实让人垂涎欲滴。酸味会刺激味蕾分泌唾液，为品尝口感做准备并清理口腔，营造一种"垂涎三尺"的体验。柠檬和青柠是酸味鸡尾酒的主要成分。青柠的糖分少，酸度比柠檬高。虽然二者都有鲜明的柑橘芳香，但柠檬有淡淡的花香，而青柠的芳香则更辛辣，更清新。

与柑橘类水果一样，酸味水果可以与醋一起在饮品中占据重要位置，在某种程度上，也可以与葡萄酒搭配。这些厨房橱柜里的食材本身就饶有趣味。重要的是要记住，酸味成分需要在饮品中保持平衡，这正是糖可以发挥作用的地方。当我们探讨酸味鸡尾酒的结构时（见第139页），我们将对此进行更详细的探讨。

---

#### 口感测试

1. 拿三个玻璃杯，往每个玻璃杯中倒入100毫升（3⅓盎司）冷水。
2. 取新鲜榨取的果汁，向第一个杯中加入20毫升（⅔盎司）柠檬汁，再向第二个杯中加入20毫升（⅔盎司）青柠汁，最后向第三个杯加入20毫升（⅔盎司）粉红葡萄柚汁。
3. 留意下每种液体的芳香。
4. 分别品尝这些液体，注意一下酸、甜和芳香的强度差异。

## 苦

苦味是一种强烈而浓郁的口感，需要时间在味蕾上分解，这意味着喝下时会出现这种口感，而且变得越来越强。随着我们对苦味的接受度逐渐提高，苦味利口酒也变得越来越主流。然而，这些成分是相当特别的，所以本书没有体现其特点。如果知道自己喜欢苦味，那么我推荐去探索阿佩罗酒的世界。

每个鸡尾酒柜都需要的一种原料就像安古斯图拉（Angostura）这样的苦味鸡尾酒，因为一点点苦味就能让一杯酒更有活力。安古斯图拉的浓郁味道和特色使其成为鸡尾酒中的重要调味剂——从某种意义上说，它是鸡尾酒的"点睛之笔"，只需一点就能让调制出的鸡尾酒更合你意。现在，市面上有很多种鸡尾酒可以选择，可以带给我们很强的新鲜感。从巧克力到葡萄柚，苦味都是给饮品添加一点个性化口感的好方法。如果这是想要探索的领域，可以考虑一下希望的鸡尾酒口感是浓还是淡，并尝试进行补充。苦味鸡尾酒的保质期很长，被广泛应用于各种饮品中，所以安古斯图拉值得拥有；甚至可以用来进行烹饪。

### 口感测试

1. 往一杯水里单独搁入少量苦味鸡尾酒。
2. 尝一尝，琢磨琢磨感受。稀释后的苦味会更浓郁，芳香也会更容易被感知到。稀释还会使苦味不那么强烈，更容易专注于芳香。

## 咸

盐虽然不是鸡尾酒中最常见的成分，但也占有一席之地——没有什么比玛格丽特鸡尾酒上的盐边更令人愉悦了。近年来，人们对生理盐水溶液进行了实验，他们认为，生理盐水溶液可以提升饮品的口感，就像食物中的盐一样。盐还会抑制口腔中的味蕾，在饮品中加入盐后，我们会感觉到苦味会变得更加柔和。如果想在鸡尾酒中平衡过苦的成分，用咸味儿来调节很有帮助。

### 口感测试

1. 煮上一杯黑咖啡或榨取一杯新鲜西柚汁。
2. 把1茶匙盐溶解在50毫升（1⅔盎司）冷水中，制成盐水溶液。
3. 尝尝所选的液体，留意下其中的苦味。
4. 滴入几滴盐水溶液，再尝一尝，注意苦味的强度有什么变化。
5. 可以随时加入几滴盐水，边品尝边记下感受。

## 鲜

鲜味是我们在食用西红柿、蘑菇、酱油、味精和帕尔马干酪等食材时所体验到的咸味。血腥玛丽（见第192页）是最受欢迎的鲜味鸡尾酒之一。鲜味可以作为一种基本的口感元素，将不同食材的味道连接起来，为你带来更加愉悦的味觉体验。可以尝试自己做一杯脏脏马提尼（见第108页），只需在调制过程中加入一些咸味橄榄盐水，便可为这款鸡尾酒增加一种全新的风味。你还可以在雪利酒中体会到这种独特的鲜味，这能为鸡尾酒带来意想不到的效果，尤其是与马提尼酒的搭配，更是相得益彰。

### 口感测试

1. 品尝上述一种原料，着重感受喝下去时的美妙滋味。那就是鲜味。
2. 试试看在番茄酱中加入酱油或味精，提升一下番茄酱的鲜美程度。这有助于培养对鲜味的口感认知。

# 正鼻嗅觉
## ORTHONASAL OLFACTION

正鼻嗅觉是一个专业术语，指的是我们在吸气时，通过鼻孔感知气味。这是一种强烈的体验，我们通常会将其与情绪联系在一起，例如回忆起爱人最喜欢的香水。当我们在其他环境中闻到这些熟悉的气味时，我们会重温与这些记忆相关的积极情绪。因此，气味可以是一种非常怀旧的体验。

就其本质而言，酒精会从其他成分中"分离"和"捕获"芳香分子。以杜松子酒为例。杜松子酒的中性醇基成为多层次芳香体验的载体。各种植物在这个碱基中浸泡以提取其芳香化合物。浸泡过的水经过蒸馏后制成了我们所熟知和喜爱的杜松子酒。酒精还具有挥发性；一旦蒸发就对我们非常有用，因为任何被困在酒精中的香味都会随之一起蒸发，帮助我们对液体中芳香进行正鼻感知。

此外，鸡尾酒的玻璃杯会将鸡尾酒的芳香直接传递到我们的鼻子里，让我们在感官上预先体验到喝下这种液体时的口感。鸡尾酒可以通过芳香给人留下深刻的印象。这是一个决定性的时刻，芳香将决定一杯酒的成败。当谈到鸡尾酒时，不要低估气味的力量——一种令人愉悦的芳香会让人想要啜饮，但任何"难闻"的味道都会让人放下酒杯，连尝都不想尝。鸡尾酒的芳香不一定要很复杂，但必须确保没有令人反感的口感。在这方面要注意蛋清，因为这种成分会让鼻子闻到淡淡的"湿狗"气味。

### 意识测试

在使用任何成分之前，有意识地去闻一闻。留意下注意到的气味，这样就可以在脑海中建立一个芳香库。想要了解酒精是如何去除芳香的，可以做以下测试。

1. 往葡萄酒杯里倒入100毫升（3⅓盎司）伏特加，再加入2克（1茶匙）香茶，像是绿茶或茉莉花茶就很不错。
2. 盖上玻璃杯，浸泡5分钟就可以了。
3. 揭开杯盖，闻一闻液体，留意下所感知到的味道。你可能想把杯里的水像泡葡萄酒一样倒掉，让更多的芳香化合物进入顶部空间（液体表面正上方的空间）。
4. 再次盖上玻璃杯，再浸泡5分钟。重复这个过程，注意观察香味是如何形成的。也可以边走边品尝液体，留意一路上感受到的香味。

# 鼻后嗅觉
## RETRONASAL OLFACTION

与正鼻嗅觉相比，鼻后芳香是一种完全不同的体验，因为这种体验不是孤立发生的——我们同时还会通过味蕾体验到口感。当我和一位食品科学家朋友讨论这个问题时，他友情提示我，培根的口感和气味永远是不一样的。我以前从未注意到，但这是一个很好的例子，说明了正鼻嗅觉与口感和后鼻嗅觉之间的关系。在我们喝饮品时，我们会把液体在嘴里含一会儿，然后再吞下去。在这个过程中，我们不仅品尝到了液体，而且芳香分子也被释放出来，并通过我们的后鼻通道向上传播到鼻腔的顶部。在这里，这些分子与我们的嗅觉上皮相互作用，嗅觉上皮是容纳嗅觉感受器的软组织。这是我们嗅觉系统的开始部位，也是我们感知气味的感觉系统。把后鼻音想象成芳香的"后门"入口，对我们享受食物和饮品至关重要。

芳香化合物的释放受到我们喝饮品方式的影响。当我们在嘴里移动液体时，会刺激芳香分子的释放。当冷饮在味蕾上加热时，芳香分子的释放就会增加。然而，我们经常吞咽得太快，减少了接触到液体中芳香的机会。我们不需要咀嚼饮品就可以吞下，正因为如此，我们可能不会像对待食物那样，花时间去思考我们对液体的鼻后芳香体验。注意你是如何喝一杯酒的：有时候，花点时间去意识到正在经历什么，这可能会改变我们对它的理解以及它的价值。

### 意识测试

有意识地去闻并品尝一种原料，思考芳香是如何变化的，以及其与整体口感的关系。这可以通过上面提到的正鼻茶伏特加测试来完成。为了获得清晰的后鼻体验，请尝试下这个测试。

1. 用手指捏住鼻子。
2. 在嘴里放一颗软糖或甜食。能尝出什么口感？能感觉到芳香或水果味吗？
3. 松开手指，让香味通过鼻后通道向上传递。现在，能感知到什么？松开手指，应该能感受到非常清晰的芳香，现在可以品尝到甜点的全部味道了。

# 鸡尾酒的物质核心
## THE PHYSICAL CORE OF A COCKTAIL

其核心结构是由鸡尾酒的物理特性组成的。了解这些特性有助于理解什么是好酒。

### 酒精含量

酒精会在上颚上产生一种热的化学感觉；一种产品或鸡尾酒的酒精含量（ABV）越高，"燃烧"感就越强烈。大多数酒精产品被设计成与其他补充性烈酒混合，稀释或加冰块饮用。这意味着上颚的热感减轻，变得更加舒适。建立对ABV的耐受性也是可能的。通过反复接触，上腭会对灼烧感不那么敏感。有关更多详细信息，请参阅"调和鸡尾酒"一节（见第087页）。

有两种与酒精有关的因素会影响我们享受鸡尾酒。第一个是在鸡尾酒中选择的酒精和成品饮品的预期酒精含量。有时，我们喜欢酒精在味蕾上的感觉，有时则不然。在计划和调制鸡尾酒时，要考虑到最终饮品的酒精浓度，并确保其适合当时的心情和场合。第二个要考虑的因素是鸡尾酒的调制程度，这就是稀释的作用。

### 稀释

几乎调制所有的鸡尾酒时都需要用到水。稀释是通过用冰块搅拌或摇动来实现的——冰块在冷却液体时会融化，为鸡尾酒增加水分。鸡尾酒也可以使用苏打水或汤力水等调酒器来稀释。唯一不需要水的鸡尾酒是酒精含量较低的饮品，这些饮品往往会使用香槟或普罗赛克等成分，而这些成分本身就可以稀释鸡尾酒中使用的任何较浓的成分。

稀释有助于感知芳香、口感和风味，展现液体的特征。想想水果甜味酒是如何调制的。它们在未稀释的情况下尝起来很甜而且单调，但当与水混合时，我们会感觉到一种较平衡的甜味，一点点酸味和水果的芳香。稀释也会影响饮品的口感，如果过度稀释，口感就会变得寡淡，如果稀释不足，口感则会变得黏稠。在调制和供应鸡尾酒时，一定要使用最优质的冰块，因为会降低鸡尾酒的温度，而不会过度稀释。如果使用了质量较差的冰块，要特别注意，因为很容易过度稀释鸡尾酒。

关键是要找到一个完美的平衡，在这个水平上，酒精的感觉是恰到好处的，口感，芳香和风味都是开放的。不要忽视调制鸡尾酒的方法——在调制时，要注意液体，以确保达到预期的效果。继续调制和品尝——在某个时候，会培养出找到稀释最佳点的直觉。

---

**稀释意识测试**

1  准备好三杯马提尼酒（见第092页），第一杯马提尼酒搅拌五次，第二杯搅拌十次，第三杯搅拌二十次。
2  把每种饮品放入冰箱10分钟，使其温度标准化。
3  尝尝每种马提尼酒。留意酒精感觉的差异，以及三种饮品的口感和风味是怎么变化的。

---

### 温度

为了理解温度在鸡尾酒中的重要性，我希望你在上述稀释测试中选择自己最喜欢的马提尼。只需直接从冰箱中取出，在最适宜的温度下喝几口。将马提尼酒在室温下放置10分钟。液体现在应该变温了一些，继续品尝。比较一下感觉如何？温的马提尼不那么好喝。

温度会影响人对鸡尾酒酒精和涩味的感觉，冷饮口感更佳。温度也会改变对甜味的感知。饮品越热，口感越甜。确保您的鸡尾酒冷藏得当，任何调酒器都要冷藏，必要时，玻璃杯也要冷藏。这将对饮品质量产生巨大影响。

### 涩味

涩味是我们在喝某些葡萄酒和茶时舌头上产生的干燥感。这种感觉主要来源于单宁。橡木中也有单宁，在橡木桶中陈酿的深色烈酒中也能感受到单宁。涩味的作用不容小觑，因为其能减轻强烈的口感，如同鸡尾酒的苦味那般，为鸡尾酒构建起一个"骨架"，让我们可以把其他成分固定在上面。

涩味非常重要，因为其能够减轻强烈的口感，如同鸡尾酒的苦味那般，为鸡尾酒构建起一个"骨架"。涩味为我们提供了一个架构，让我们可以将其他成分固定其上。

**口感**

由于一杯鸡尾酒是一杯完整的液体，所以这种液体的质地需要令人愉悦。想想香槟鸡尾酒中细腻的气泡，或者柯林斯鸡尾酒中苏打水的清新气泡——这些都是令人愉悦的口感体验。在鸡尾酒中加入糖，可以增加一种微妙而令人愉悦的丝滑口感。此外，我个人更喜欢酸味质地，而不是它的口感和风味。当我不确定想要什么口感的鸡尾酒时，这是我的首选饮品，因为我知道泡沫蛋白的口感总是让我满意。

脂肪不仅能以杏仁糖浆、橙子、牛奶或奶油的形式存在于饮品中，也能通过脂肪洗涤的技术融入其中。这种技术是将一种烈酒与融化的黄油或奶油等成分混合，然后冷冻，促使脂肪凝固，再从液体中过滤出来。由此产生的酒精虽然保留了脂肪的口感，但实际上并不含脂肪，既能给人一种质地的印象，又不会产生过于油腻的感觉。

# 偏好转折点
THE PIVOT POINT OF PREFERENCE

这一部分探讨了从不同角度审视基础和核心结构方面的问题，然后选择正确的路线来创造愉悦的体验。下面的标题是"转折点"，可能会将偏好引导到特定或不同的方向，这在很大程度上取决于场合。需要考虑两个关键方面——自己的喜好和客人的喜好。我们的个人偏好是由口感驱动的，但也受记忆、情感和欲望的影响。可能有一个永远不变的核心偏好；这可能是基于口味，比如喜欢甜味饮品，不喜欢浓烈的苦味饮品。然而，我们的口味偏好往往会随着心情和时间的变化而变化。想想你在阳光明媚的日子里喜欢喝什么，再将其与冬季节日场合进行比较——可能在这两种场合都会选择甜味饮品，但选择的整体口味可能会有所不同。

希望在本章的最后一节中，大家都能学会考虑自己的个人喜好。一旦你们将这些概念应用到自身的喜好中，就应该能把学到的知识应用到客人的偏好中。

### 服务的环境、时间和后勤

时间、地点和情绪会影响我们对鸡尾酒的偏好，尤其是在酒精含量和口感强度方面。思考一下这三个因素是如何影响我们选择鸡尾酒的。

如果要招待客人，要考虑到一天中的时间和可能提供的食物。这将帮助我们在选择适当的酒精含量和可接受的风味强度的鸡尾酒时占据优势。永远不要忘记测试一杯好酒的标准——能否将它喝完，喝完后，是否还想再点一杯完全一样的。如果答案是肯定的，那么口味和平衡强度就是正确的。如果保持鸡尾酒简单易制，你会发现这是最有益的待客经验。

### 致力于一种体验

如果要招待客人，那么饮品必须适合所有人的口味。让客人开心的关键是要谦虚、诚实且实际。我们都想分享自己最喜欢的口味和风味体验，但每个人的喜好并不相同。微妙，简单和一点变化可以对客人有很大的帮助。好消息是，如果饮品有一种平易近人的口感和平衡的结构，通常会让每个人都满意。

### 保持简单

考虑到调制鸡尾酒的后勤工作，尤其是在做东的时候。对你而言，怎样才能让服务又快又持续？我们的目标是尽量减少为客人调制鸡尾酒的压力，这意味着你们在一起会有更多的乐趣。所以，明智地策划鸡尾酒菜单——通常少即是多。

THE COCKTAILS

# 2

第二部分

## 鸡尾酒

## 第六章
# 香槟鸡尾酒
## CHAMPAGNE COCKTAILS

在调制鸡尾酒时，如果想打好基础并掌握其中的关窍，香槟鸡尾酒是一个不错的起点。这是因为香槟鸡尾酒的调制重点无疑是香槟本身。香槟可以用作一种结构基底，与其他原料相得益彰。我们来深入研究一下吧。

对我来说，香槟一直都是一种珍贵的饮品，它里面那种细腻绵密的气泡是其他任何东西都无法比拟的，给人一种纯粹的享受。家中并不常备香槟，所以拿起香槟时，会有一种仪式感，我知道这一定是一个值得庆祝的特别时刻。这种联想使香槟成为一种能触动情感的饮品。开瓶时，瓶塞会发出"啵"的一声，内心的兴奋也随之到达顶点，这也是香槟鸡尾酒受欢迎的关键因素之一。在调制这类鸡尾酒时，我们通常希望创造出一种非常特别的体验，从而满足人们对这一刻的期待。主人在招待客人时精心调制的鸡尾酒可以为庆祝活动带来个性化的体验。尽情享受调制过程吧，要知道，在这个过程中，会有一些难忘的体验，相信客人一定会喜欢的。

**保持纯粹**

首先，在调制前，要弄清楚一点，那就是香槟是一种给人带来积极情绪体验的饮品。因此，成功调制出一杯香槟鸡尾酒的关键就是保持纯粹；充分展现原本的美妙口感和仪式感。香槟鸡尾酒需要以其关键成分香槟的特质为主导。这对我们来说是件好事，因为它简化了这类鸡尾酒的结构，使它们变得易于学习且适应性强，这意味着我们可以轻松学会并进行个性化调整。想要让它们口感出色，我们需要：

1　保持酸甜口味平衡；
2　调制香槟风味时，遵循"少即是多"的原则；
3　保持气泡完整，以便体验到香槟的绝佳口感。

可以将调制这些鸡尾酒的过程看作是对香槟进行更新和升级。香槟会保持其自身风味且极具辨识度，但同时，调制后的鸡尾酒也会呈现出不一样的体验。这有点像是吐司加果酱，而吐司就是香槟。吐司和果酱无疑是绝配，果酱本身风味过于集中浓烈，需要搭配另一种食材才能呈现完整的味道。虽然只吃吐司也是一种享受，但当其咸味和酵母味通过烘烤放大后，它会更加美味。它平衡的口感和风味使其本身就很可口，同时也可以与各种其他甜味、酸味或咸味食材相得益彰。除此之外，吐司还有一个优点，那就是提供一种可供操作的物理结构；它成为了传递我们所期盼风味体验的容器。要做出美味的小吃，我们只需要两种能够相互协调的原料。皇家基尔也是如此，这是一种以果味奶油利口酒（果酱）配上香槟（吐司）调制而成的鸡尾酒，也是要介绍的这类鸡尾酒的第一个配方。

记住吐司和果酱的和谐口味原则，你会发现香槟鸡尾酒就是一个神奇的容器，可以用它来探索各种风味。想想喜欢的口味，并利用已经拥有的烈酒系列原料——杜松子酒、干邑白兰地、朗姆酒和利口酒都会有用武之地。

**保持绵密气泡**

这样做的目的是尽可能多地保留气泡。用量酒器会破坏液体中的气泡，所以最好直接从酒瓶倒进鸡尾酒杯里。然而，需要加入适量的香槟，确保饮品风味平衡。为了做到这一点，需要做一个洗线用目视辅助工具，这样就能知道该加多少香槟了。随着时间推移，或者如果对自己的眼神有信心，你可能会记住这些鸡尾酒的洗线，那就无须每次都遵循下面的步骤了。

1　准备一个酒杯（备用），酒杯类型应与所选鸡尾酒酒杯类型相同。
2　参考配方中鸡尾酒的总体积。将这个体积的水倒入备用酒杯里。
3　将这个视觉辅助工具放在调酒台上靠近调制鸡尾酒的地方。
4　准备调制鸡尾酒时，用香槟加满酒杯，直到达到备用酒杯中水的水位线。

如果没有备用酒杯，可以用酒量器以传统的方式测量——只需非常缓慢轻柔地倒入即可。

最后，搅拌香槟鸡尾酒时，动作要非常轻柔。一般情况下，一次搅拌就足以将原料混匀了，用吧勺进行360°旋转，同时在酒中轻轻向上拉动吧勺。

# 香槟鸡尾酒原料

## 酒柜存品

布鲁特香槟
苦艾酒
苦味剂
干邑白兰地
甜味利口酒——黑醋栗和杏仁利口酒很适用,但大多数水果利口酒都可以
健力士或司陶特黑啤
淡陈朗姆酒
伦敦干杜松子酒
梅斯卡尔·埃斯帕丁
雪莉酒
伏特加

## 另备材料

接骨木花
新鲜柠檬
新鲜莱姆
新鲜橙子
新鲜无果肉橙汁(榨汁或从商店购买)
蜂蜜——最好选用中性、淡味的蜂蜜
糖浆
方糖

# 皇家基尔
## KIR ROYALE

**15毫升**
（½盎司）黑醋栗奶油利口酒

**115毫升**
（3⅔盎司加1茶匙）香槟

**饮品总容量**：130毫升（4⅓盎司）

**理想酒杯容量**：165~285毫升（5½~9½盎司）

**推荐酒杯**：室温下长笛杯或郁金香杯

　　皇家基尔是最简单的香槟鸡尾酒，我们可以将它作为探索香槟鸡尾酒的起点。加入利口酒后，虽然味道有了明显的变化，但香槟本味仍然浓郁。只需额外添加一种原料，我们就能增加香槟的酒精度、甜味、酸度和香气。皇家基尔可以充当一种学习工具，帮助我们了解不同风味与香槟的相互作用方式。同时可以作为该类别中所有饮品的参考。

　　通过皇家基尔，我们能体会到不同水果的味道如何与香槟的味道相融合。建议用多种利口酒来尝试这个配方。这有助于建立味觉知识，弄清楚自己的喜好。可以随意尝试，如果觉得这些味道能和香槟搭配，那就去尝试吧。

---

　　将黑醋栗奶油利口酒倒入长笛杯或郁金香杯中，然后倒入香槟。用吧勺轻轻搅拌液体，混匀后就可以享用了。

**注** 不同品牌的利口酒味道浓度会有所不同。建议提前调制一杯鸡尾酒来测试口感是否平衡。可以尝到水果的味道，但不能过甜。如果想换一种水果利口酒，建议也这样操作。例如，我喜欢15毫升黑醋栗奶油利口酒（½盎司），但更喜欢10毫升桃子奶油利口酒（2茶匙）。要注意的是，减少利口酒的总量会影响口感。如果洗线保持相同，那么就要增加香槟的占比。只需进行一些小的调整，因为它们的影响会比预想的要大。

■ 黑醋栗奶油利口酒

□ 香槟

第六章　香槟鸡尾酒

# 午后之死
## DEATH IN THE AFTERNOON

**5毫升**
（1茶匙）苦艾酒

**2.5毫升**
（½茶匙）糖浆（见第047页）

**115毫升**
（3⅔盎司加1茶匙）香槟

**饮品总容量**：122.5毫升（4盎司加½茶匙）

**理想酒杯容量**：165~285毫升（5½~9½盎司）

**推荐酒杯**：室温下飞碟杯

这款鸡尾酒并不适合所有人，但如果喜欢茴香和草本绿叶的味道，建议尝试一下，要知道，苦艾酒和香槟搭配起来味道绝佳。

在传统的午后之死的配方中，苦艾酒的比例比我提供版本要高得多。不得不承认，在测试那些配方的时候，我发现这些鸡尾酒难以下咽，一杯都没有喝完。我提供的版本更加平衡，这样既可以显现苦艾酒的味道又不会盖过香槟的味道。

苦艾酒味道浓烈：酒精度高，无糖，有轻微的苦味。如果想让这款调酒保持与皇家基尔酒相似的平衡口感，那么就需要加一点糖，让酒精的味道更加顺口，帮助味道融合，最终达到风味平衡。

将苦艾酒和糖浆倒入杯中，再加满香槟。用吧勺轻轻搅拌液体，混匀后就可以享用了。

**注** 如果想让这款鸡尾酒中苦艾酒的味道更加强烈，那么一定要增加它的占比。建议从增加2.5毫升（½茶匙）开始，注意糖的含量，因为可能也需要增加糖的含量。

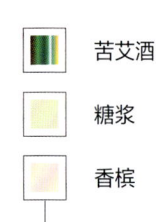

■ 苦艾酒

■ 糖浆

■ 香槟

# 黑色天鹅绒
## BLACK VELVET

**70毫升**
（2⅓盎司）吉尼斯黑啤

**70毫升**
（2⅓盎司）香槟

**饮品总容量：**140毫升（4⅔盎司）

**理想杯容量：**165~285毫升（5½~9½盎司）

**推荐酒杯：**室温下长笛杯

　　两种成分充分融合达到平衡，制成了一款咸口鸡尾酒，口味浓郁且温和。吉尼斯黑啤的烤麦芽味和微苦微甜的味道与香槟的饼干味完美融合。这种饮品不需要加糖——吉尼斯黑啤已经足够甜，可以和香槟很好地搭配。

　　但香槟并不是这款酒的主要风味，这款鸡尾酒的独特之处在于它的口感体验。这两种成分都有独特的质地，二者结合在一起时，会在味蕾上产生天鹅绒般的感觉。

---

　　将吉尼斯黑啤倒入香槟杯中，然后慢慢倒入香槟酒。轻轻搅拌，混匀后就可以享用了。

**注** 配方中每种原料的用量是一样的，如果酒杯比推荐的酒杯大或小，可以就简单地按比例放大或缩小，以切合自己的口味。

　　可以随意将这款饮品与最喜欢的黑啤搭配，探索口味的变化。同样，如果觉得吉尼斯黑啤的味道太浓，那就减少这种原料的含量，增加鸡尾酒中香槟的含量。如果觉得这款鸡尾酒有点儿苦，可以随意加一点儿糖浆：从1.25毫升开始，然后根据自己的口味增加。

- 吉尼斯黑啤酒
- 香槟

第六章　香槟鸡尾酒　　073

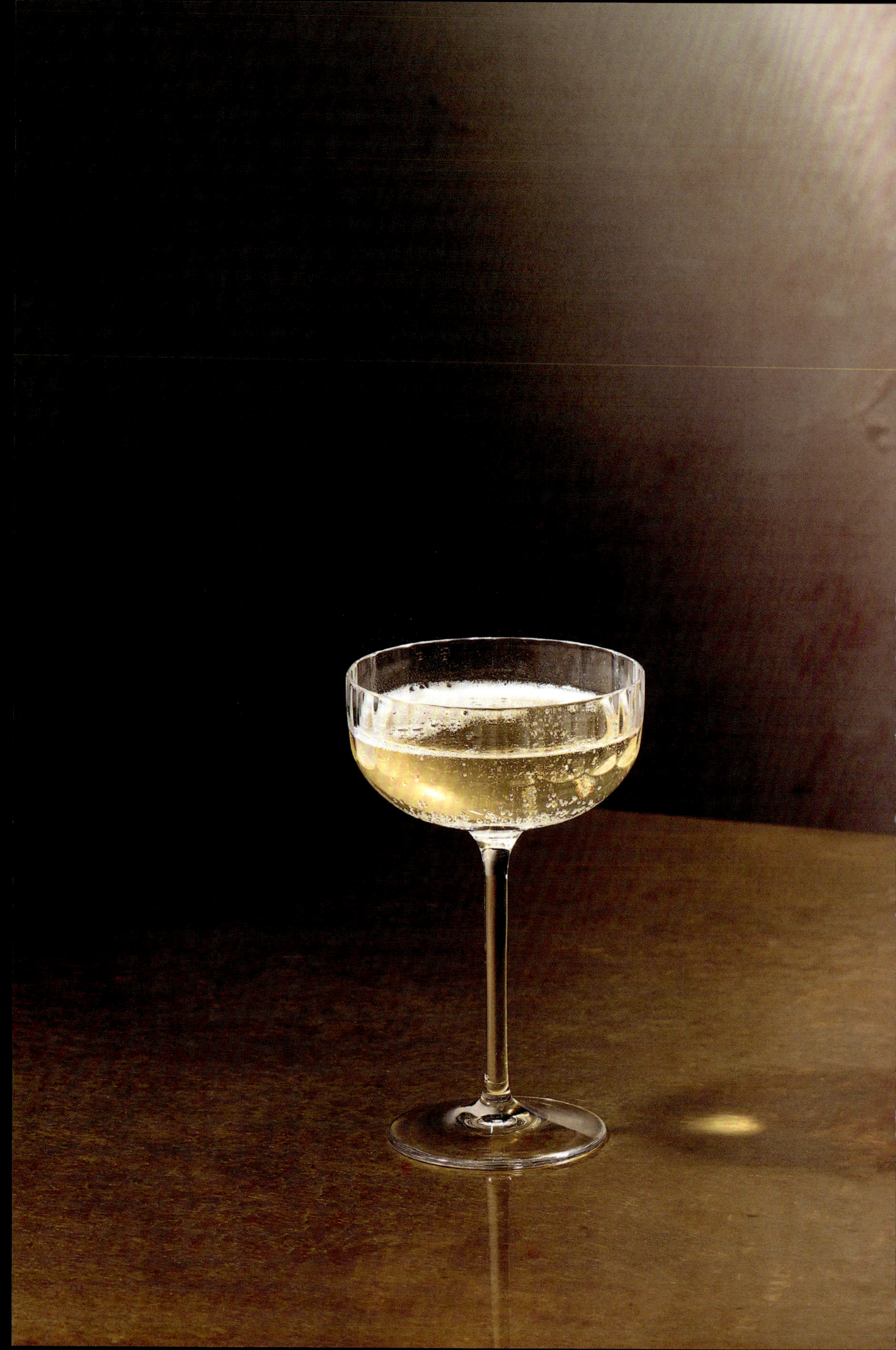

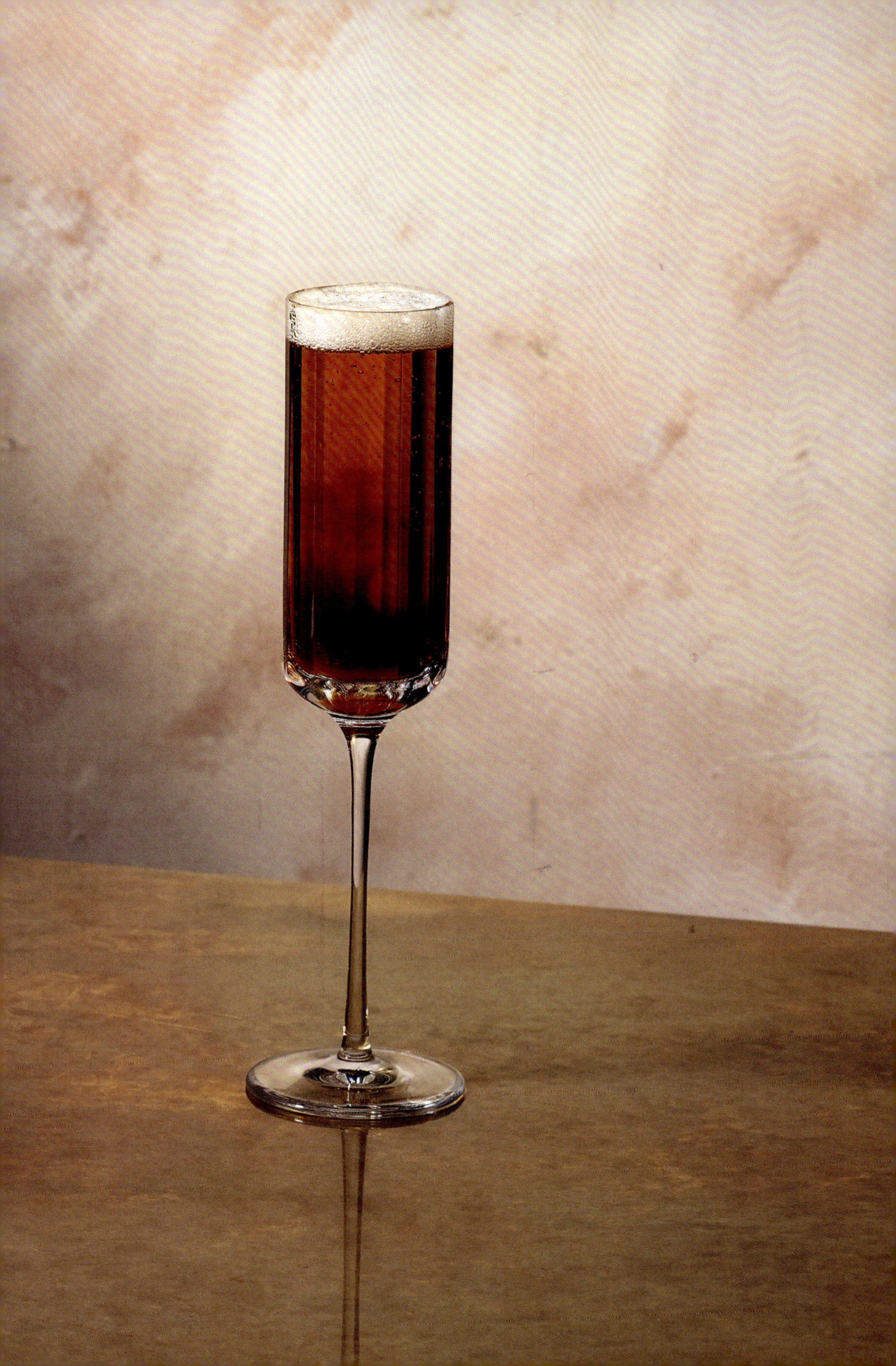

# 烟熏皇家基尔
## SMOKY ROYALE

**5毫升**
（1茶匙）埃斯帕丁梅斯卡尔酒

**10毫升**
（2茶匙）杏仁利口酒

**115毫升**
（3⅔盎司加1茶匙）香槟

**饮品总容量**：130毫升（4⅓盎司）

**理想杯容量**：165~285毫升（5½~9½盎司）

**推荐酒杯**：室温下长笛杯

　　这款鸡尾酒的结构介于皇家基尔和午后之死之间，请记住这两款鸡尾酒的调制原则。杏仁利口酒的温润感、核果味与梅斯卡尔的烟熏味完美地融合在一起，给饮品带来了一种与皇家基尔极为相似的甜味！

---

　　将埃斯帕丁梅斯卡尔酒和杏仁利口酒倒入长笛杯中，再加满香槟。用吧勺轻轻搅拌液体，混匀后就可以享用了。

**注** 梅斯卡尔有独特的风味，很容易盖过其他口味，轻轻倒入一点儿即可，确保能保持味道的整体平衡。如果想尝试不同类型的梅斯卡尔，也需要谨遵这一原则。

- 埃斯帕丁梅斯卡尔酒
- 杏仁利口酒
- 香槟

# 星空鸡尾酒
## TWINKLE

25毫升
（⅔加1茶匙）伏特加

15毫升
（½盎司）接骨木花甜酒

100毫升
（3⅓盎司）香槟

长柠檬

饮品总容量：约150毫升（5盎司）

理想杯容量：165～285毫升（5½～9½盎司）

推荐酒杯：大号飞碟杯

这款饮品诞生于伦敦一家名为"无名酒吧"的小型社区酒吧，据说它能让眼睛闪闪发光。星空是一款备受欢迎的当代香槟鸡尾酒——世界各地的菜单上都能看到这款鸡尾酒，它展示了平衡良好的饮品是如何创造经典的。伏特加打底的香槟鸡尾酒体验会多一点儿酒精的刺激感，接骨木花则在伏特加和香槟之间架起了一座联通桥梁，创造出一款芳香、顺滑、有趣的饮品。

在鸡尾酒摇罐中加入冰块。加入伏特加和接骨木花甜酒，封好摇壶，用力摇匀。将酒液双层滤出倒入杯中，加满香槟。用一个长柠檬装饰，等到柠檬的油漂浮在酒液表面就可以享用了。

▪ 伏特加

▪ 接骨木花糖浆

▪ 香槟

第六章　香槟鸡尾酒　　077

# 香槟鸡尾酒
## CHAMPAGNE COCKTAIL

1块方糖

6滴安古斯图拉苦精

15毫升
（⅓盎司）干邑白兰地

100毫升
（3⅓盎司）香槟

**饮品总容量**：115毫升（3⅔盎司加1茶匙）

**理想杯容量**：150～240毫升（5～8盎司加1茶匙）

**推荐酒杯**：室温下飞碟杯

这是一款标志性鸡尾酒，味道浓郁，易于接受。虽然酒精味有点强烈，但保持了所有原料的温润味道的平衡。安古斯图拉苦酒的香料补充了干邑的木质风味，并将干邑与香槟的风味链接。这是一款口味更丰富、层次更多的鸡尾酒，尤其是与皇家基尔明亮的果味相比时更能凸显这种特点。

这款饮品的绝佳之处在于，香气传递系统发生了变化，而这是加入方糖所致。方糖能够激发气泡，这很重要。每个气泡都带有苦味的香气，使这款鸡尾酒很好的展现出香气对饮用体验的影响。因此，坚持用方糖至关重要——糖浆口感很好，但饮品的香气会减弱。

---

将方糖放在餐巾纸上，把苦精滴在方糖上，使之完全被苦精覆盖。将泡好的方糖放入杯中，加入干邑，再加满香槟后就可以享用了。

**注** 为避免打散方糖，不得搅拌这款鸡尾酒。这样做的目的是让它慢慢地释放出苦味，同时慢慢地溶解，让鸡尾酒变得更甜。因此，在放置的过程中，鸡尾酒会变得更甜，无须担心这款鸡尾酒一开始很干。享受它随时间变化带来的体验吧。

- 方糖
- 安古斯图拉苦精
- 干邑白兰地
- 香槟

鸡尾酒：混合饮料的艺术、科学和乐趣

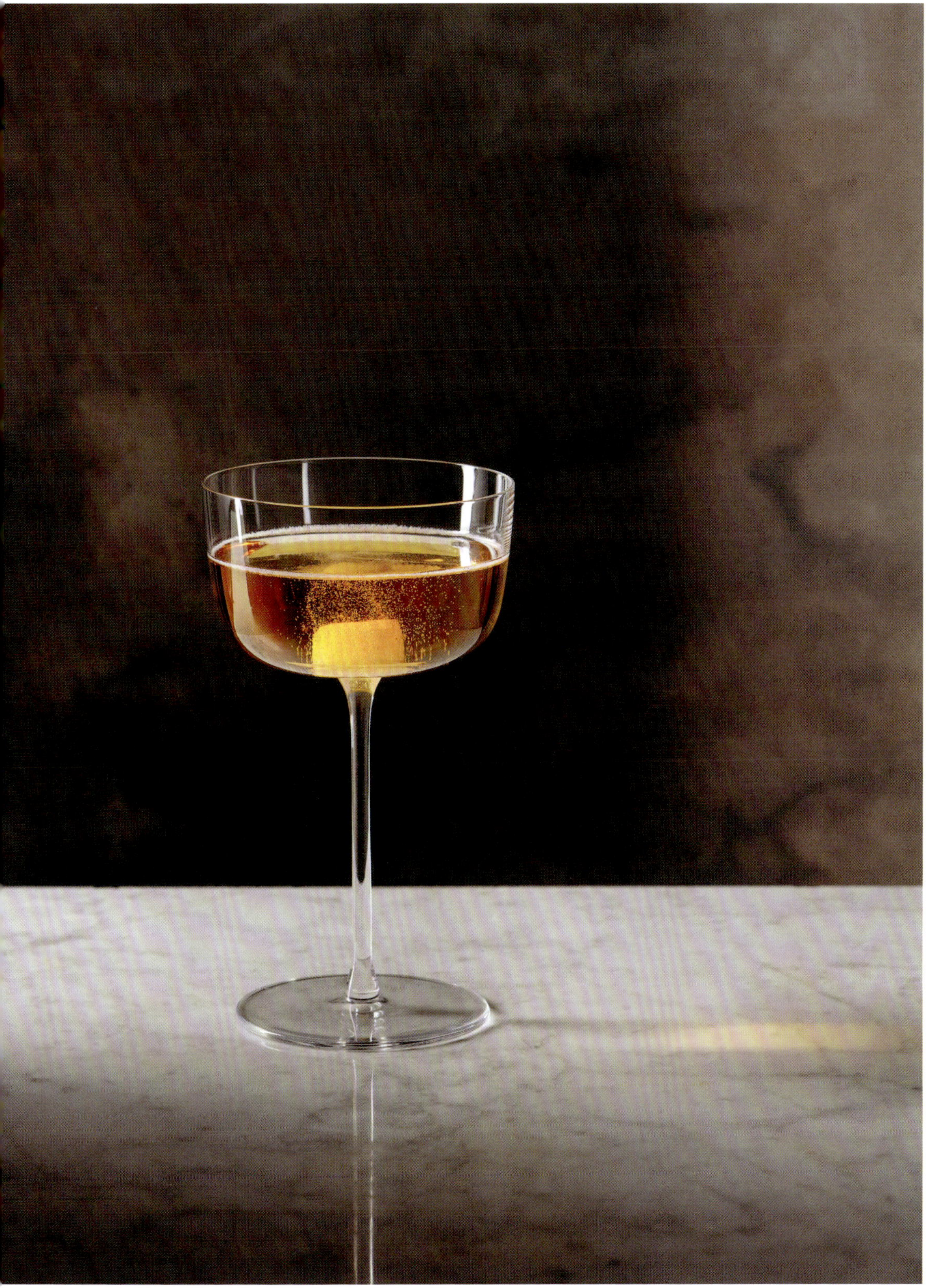

# 雪莉香槟鸡尾酒
## SHERRY CHAMPAGNE COCKTAIL

1块方糖

6滴安古斯图拉苦精

15毫升

（⅓盎司）欧罗索雪莉酒

100毫升

（3⅔盎司）香槟

**饮品总容量**：115毫升（3⅔盎司加1茶匙）

**理想杯容量**：150~240毫升（5~8盎司加1茶匙）

**推荐酒杯**：室温下飞碟杯

在香槟鸡尾酒的基础上，这款酒将香槟推向了一个风味更加丰富的层次。欧罗索是一种浓郁芬芳的雪莉酒，具有足够的结构来搭配这款鸡尾酒。

将方糖放在餐巾纸上，把苦精撒在方糖上，使之完全被苦精覆盖。将泡好的方糖放入杯中，加入雪莉酒，再加满香槟就可以享用了。

**注** 如果喜欢这款鸡尾酒，可以选择不同风格的干型雪莉酒尝试一番。在本配方中，可以选择的咸味和矿物质口味范围非常广泛。注意苦味在这款鸡尾酒中的作用，如果它们开始遮盖鸡尾酒的风味，则需要改变用量配比。

- 方糖
- 苦精
- 雪莉酒
- 香槟

# 含羞草
## MIMOSA

70毫升
（2⅓盎司）不含果肉的新鲜橙汁

70毫升
（2⅓盎司）香槟

**饮品总容量**：140毫升（4⅔盎司）

**理想杯容量**：165~285毫升（5½~9½盎司）

**推荐酒杯**：室温下长笛杯

这是本书中第一个加入柑橘的香槟鸡尾酒配方，含酸量很高，改变了香槟对鸡尾酒风味的影响，这种饮品稍稍有所不同。这并不是说含羞草不是一款绝佳的饮品，只是意味着我们正在探索一个新的口味。

在本配方中，重新审视两种原料的关系，创造出经典的晨间庆祝鸡尾酒。这款酒精浓度较低，与早餐橙汁的关联让这款鸡尾酒非常易于接受。这款酒口味清新且可随意畅饮。

---

如果新鲜橙汁含有果肉，可先用细筛过滤。将新鲜橙汁倒入香槟杯中，再慢慢倒入香槟酒。轻轻搅拌均匀就可以享用了。

**注** 理想情况下，橙汁应含有足量天然糖，来平衡这款鸡尾酒的味道。然而，不同季节的橙子有所不同，不同品牌的橙汁也会有所不同。如果调制好的鸡尾酒尝起来太酸，一定要考虑加一点糖浆。建议从1.25毫升（1/4茶匙）开始，如果觉得有必要，可以品尝后继续增加用量。

请注意，这两种成分的量是相等的，如果你酒杯比建议的大或小，可以随意按比例扩大或缩小用量，以满足自己的口味。此外，如果增加香槟和橙汁的比例，这款鸡尾酒就变成了雄鹿气泡酒。

- 新鲜橙汁
- 香槟

第六章 香槟鸡尾酒

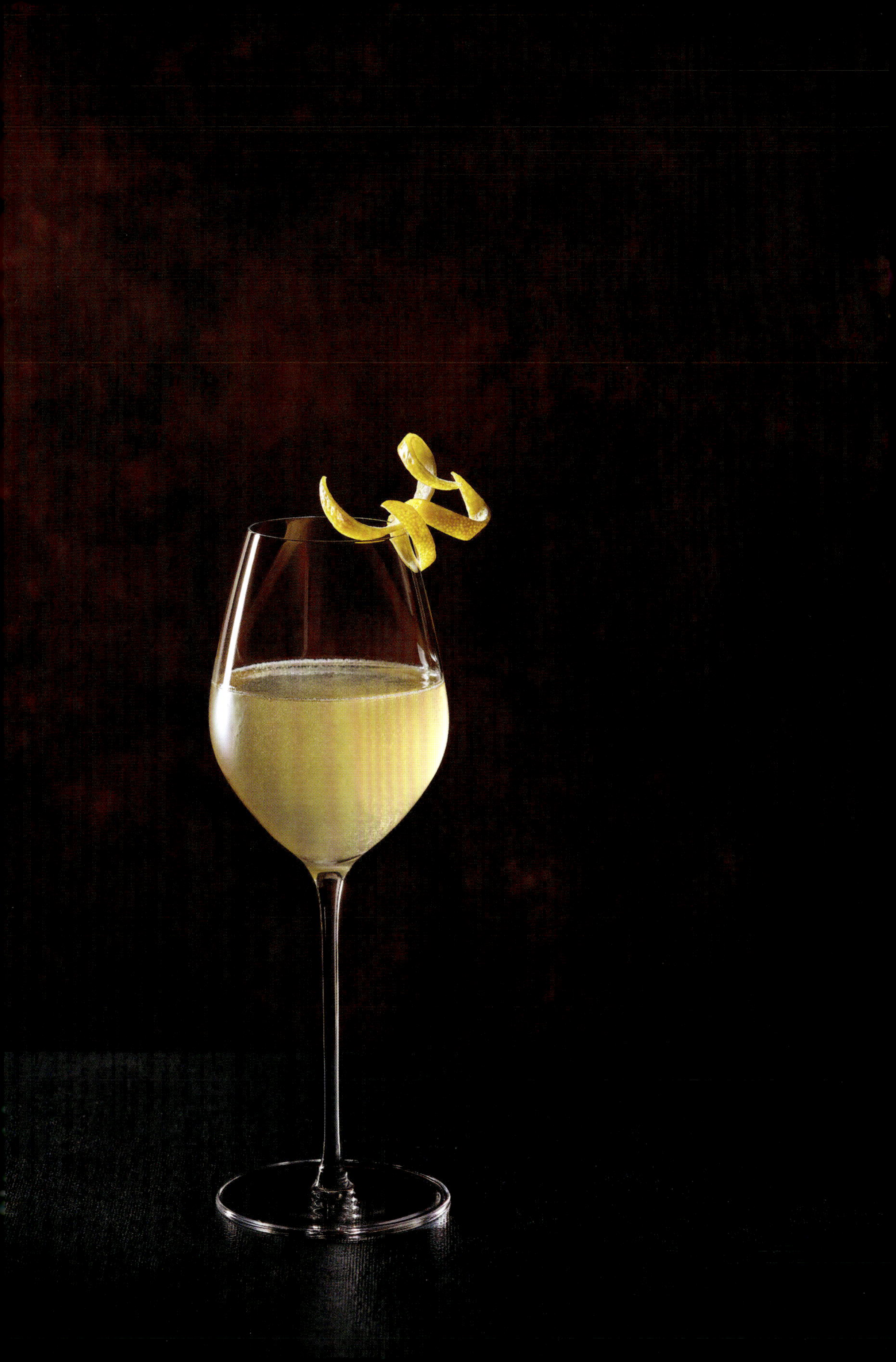

# 法兰西75
## FRENCH 75

30毫升
（1盎司）柑橘主导的杜松子酒，如必富达杜松子酒，或干邑

20毫升
（⅔盎司）新鲜柠檬汁

10毫升
（2茶匙）糖浆（见第047页）

65毫升
（2盎司加1茶匙）香槟

柠檬皮卷

**饮品总容量**：125毫升（4盎司加1茶匙）

**理想杯容量**：165~285毫升（5½~9½盎司）

**推荐酒杯**：室温下小号高球杯

法兰西75有两种版本，一种是杜松子酒，另一种则是干邑。在香槟中加入杜松子酒听起来可能有点令人惊讶，但光是想想杜松子酒和柑橘的搭配有多妙，就能在脑海中勾勒出这款鸡尾酒的味道。如果有什么区别的话，在杜松子酒和干邑之间切换的能力证明了香槟的适配性多么令人惊讶。

法兰西75是本书中第一款使用摇晃法调制的香槟鸡尾酒。当加入更多酒精和酸味物时，需要通过摇晃来稀释。但是，绝对不能摇晃香槟，因为这样不仅会破坏气泡，还可能会导致鸡尾酒摇壶爆炸！

---

在鸡尾酒摇壶中加入冰块。加入选定的烈酒、新鲜柠檬汁和糖浆。封好摇壶，用力摇匀。将酒液用双层滤网进行过滤后倒入杯中，再倒入香槟。用吧勺轻轻搅拌酒液使其混匀。用一个长柠檬装饰，就可以享用了。

**注** 对于本配方，建议先用经典的柑橘为主的杜松子酒，因为它会和柠檬汁相辅相成，让调制好的鸡尾酒具备浓郁的风味。还能了解到传统杜松子酒作为一种产品是如何发挥作用的。使用现代杜松子酒可以打造出更复杂的风味。最终取决于你的选择，建议看看所选杜松子酒的关键成分，想想它们如何与香槟的味道搭配。与往常一样，提供给客人之前，先测试一下口味的变化，看看有没有什么味道会"飙升"，破坏鸡尾酒的风味平衡。

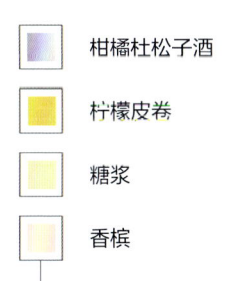

- 柑橘杜松子酒
- 柠檬皮卷
- 糖浆
- 香槟

第六章　香槟鸡尾酒

# 航空信
## AIRMAIL

30毫升
（1盎司）淡陈朗姆酒，如哈瓦那3

20毫升
（⅔盎司）新鲜青柠汁

10毫升
（2茶匙）蜂蜜糖浆（见下文）

65毫升
（2盎司加1茶匙）香槟

剥下的橙皮

单块或多块冰块（备用）

**饮品总容量**：125毫升（4盎司加1茶匙）

**理想杯容量**：165~285毫升（5½~9½盎司）

**推荐酒杯**：室温下小号高球杯

推荐大家试试这款！对我来说，这款鸡尾酒的风味填补了法兰西75 杜松子酒和法兰西75 干邑之间的空白。另外，这是一款经常被忽视的有趣饮品。你会注意到，从酒精、酸味、糖分和香槟的比例来看，航空信的结构与法兰西75 完全相同。但其在成分上有一些变化，是一种淡陈年朗姆酒引起的。青柠和蜂蜜都与朗姆酒中的清新柑橘味和轻微坚果味、木香相辅相成——朗姆酒和青柠是经典古巴鸡尾酒中的常见搭配。剥下的橙子皮散发出的温暖的柑橘香气，将所有的原料融合在一起。这款鸡尾酒呈现出的整体效果让人觉得值得探索而且非常诱人。

在鸡尾酒摇罐中加入冰块。加入朗姆酒、新鲜青柠汁和蜂蜜糖浆。封好摇壶，用力摇匀。将液体用双层滤网滤入含冰块的酒杯中，然后倒入香槟。用吧勺轻轻搅拌液体，使其混匀。将橙皮上的油抹在液体表面后扔掉就可以享用了。

**注** 不同蜂蜜的味道各不相同——例如，橙花蜂蜜中有甜美的花香，栗子蜂蜜中有和煦的坚果味。如果希望更细致地探索这款饮品，建议先尝试一下不同的蜂蜜，看看它们是如何影响鸡尾酒的味道的。

蜂蜜糖浆：首先，根据想做多少鸡尾酒来计算需要多少蜂蜜糖浆。在一个量壶里，将两份淡花香蜂蜜和一份温水混合。搅拌混合物，直到蜂蜜溶解在水里。这个步骤可以提前完成。

■ 朗姆酒
■ 青柠汁
■ 蜂蜜糖浆
■ 香槟

第六章　香槟鸡尾酒　　　085

# 第七章
# 调和鸡尾酒
## STIRRED COCKTAILS

与上一章香槟鸡尾酒不同，本章的重点不在于原料，而是调制方法：调和。在思考如何呈现不同鸡尾酒的类别时，突然想到调和过程会起到决定性作用，使用调和法调制的鸡尾酒的酒精含量往往更高，并且需要在更短时间内饮用。这样，就有了一致的核心考量，可以在调和鸡尾酒类别中研究各类烈酒，本书将逐一探讨不同的烈酒。

调和鸡尾酒以其中的烈酒为主体，通过添加其他原料带来全新的味觉体验。但是，烈酒占据中心地位，鸡尾酒的酒精含量也在上升。调和鸡尾酒在味觉上有更强烈的生理感觉或"灼烧感"，这很正常，而且可能需要一些时间来适应。由杜松子酒和干苦艾酒调和而成的招牌马提尼是调和鸡尾酒这种极具影响力的鸡尾酒的典范。

第一次喝马提尼酒的时候，我只能强颜欢笑。味蕾适应不了酒精的灼烧感，既没有甜味也没有酸味，感觉像是在喝纯杜松子酒，但我坚持了下来（这是在一家鸡尾酒吧工作的结果，那家酒吧里的马提尼非常出名），并最终爱上了每周五晚上喝一杯马提尼。在这个过程中，我了解了很多自己的口味偏好，改变了挑选鸡尾酒的方式。对我来说，这是一个关键的转折点，并将与大家一起分享。

### 适应

一周的忙碌之后，每周五晚上，我和同事们都会欢呼，一起喝喝杜松子酒、干苦艾酒，吃吃橄榄。现在回想起来，不确定为什么当时没有其他饮品供应，但这也养成了持续喝马提尼的习惯。几周后，我注意到刚开始的灼烧感不那么强烈了。

实际上，随着时间推移，味蕾适应了酒精带来的生理感觉，灼烧感似乎没那么严重了。味觉不只会适应酒精，也能慢慢适应苦味，有时也会适应我们不喜欢的食物。反复尝试后，对这些味道和感觉变得不那么敏感。这就是一个精神战胜物质的问题，以及我们是否能开始喜欢这些饮品和食物的问题。养成与同事朋友一起喝马提尼酒的习惯后，很容易就将这种体验转化为愉快的经历。

### 时间、温度和质量重于数量

第一次喝马提尼时犯的最大错误就是喝得太慢，酒液变得温热难以入口。不要想着有一款可以慢慢饮用的调和鸡尾酒，因为这类饮品至关重要的口感秘诀就是低温饮用。

要注意的是，在饮用过程中，酒杯中倒入太多酒液则难以在喝完前都保持低温状态。就我个人而言，我宁愿遵循"少即是多"的原则，在完美的温度下享受一小杯饮品，而不是倒一大杯，等酒液变温了还没喝完。因此，本章中的配方所调制的调和鸡尾酒通常小于100毫升（3⅓盎司）。这些饮品应当在还冰凉的时候就饮用完。如果配方要求对酒杯进行冰镇，那就照做吧，这样有助于延长酒的冰镇效果，让鸡尾酒口感更顺滑。

### 稀释

不要忽视稀释的重要性。就拿周五晚上喝的马提尼来说，尽管酒吧里的调酒师们使用的配方、原料和设备完全相同，但不知道为什么，其中一名调酒师调制的马提尼最好喝。调酒师有第六感，可以感受到什么时候杜松子酒和干苦艾酒（包括完美地稀释、冰镇、平衡风味、顺滑口感）处于最佳状态。通过冰块的稀释来为鸡尾酒加入适量的水，可以决定一杯鸡尾酒的成败。调和鸡尾酒时，目标是加入足量的水，使各种原料融合。这种稀释开启了原料的香味源，使它们更容易被感知和享受。

稀释是一种平衡方式，只能在实践中通过调制和品尝鸡尾酒来学习。有很多次，与酒吧调酒师们一起开发鸡尾酒时，我希望添加更多的原料来使味道更浓，而事实上，鸡尾酒只需要再稀释一点儿就能产生香味。与调酒师一样，过滤和供应之前品尝所有的鸡尾酒。慢慢地，就能体会到味觉稀释的作用，如需要，可以进一步稀释鸡尾酒。

过度稀释会产生不同的感觉，酒液会失去悠长的风味。就好像它很微弱，或者很遥远，逐渐消失。饮品的质地也会受到影响。喝起来会感觉淡薄而不是顺滑。很遗憾，过度稀释后无法弥补，只能从头开始调制鸡尾酒。

有些调和鸡尾酒是加冰饮用的。一般来说，这些鸡尾酒需要冷却更长时间，更经得住稀释。随着鸡尾酒在杯中的稀释，味道也会不断变化，这也是一种享受。像往常一样，使用冻实的冰来冰镇鸡尾酒，并缓慢稀释。劣质冰块很快就会融化，导致鸡尾酒在饮用之前被过度稀释。

### 促味剂和芳香剂有助于品尝鸡尾酒

在不断饮用马提尼过程中，我尝试了不同的杜松子酒、伏特加和这些饮品中的装饰物，同时还尝试了不同风格的马提尼（干型、湿型、脏马提尼），了解了自己的口味偏好。了解自己的喜好需要时间，与尝试新事物的意愿息息相关，这可是一项艰巨的任务。

现在，请将注意力集中在调和鸡尾酒的两个元素上——甜味和装饰物的效果。这两点影响着所有的调和鸡尾酒，还可能有助于了解自己为什么喜欢或不喜欢一种特定的饮品。

近年来，糖的添加备受争议。虽然应注意自身糖分的摄入量，但糖是鸡尾酒的重要原料。即使是马提尼也有一点儿糖在里面——干苦艾酒含有糖。糖会软化各种风味的间隔感和酒精给味蕾带来的灼烧感。当味蕾适应烈性鸡尾酒后，最喜欢马丁尼兹鸡尾酒，它是马提尼的近亲。它由杜松子酒、甜苦艾酒、博克苦精和马拉斯奇诺樱桃利口酒制成，让人们可以更容易接受更烈的鸡尾酒。甜苦艾酒和水果利口酒有着更丰富的口味和香味，加上添加了带有温暖香气和苦味的博克苦精，使整个风味体验变得柔和。因此，如果刚开始接触这类鸡尾酒，可能希望从一种味道稍甜的鸡尾酒配方以及确认喜好的熟悉原料开始；而我自己则非常喜欢樱桃。

放装饰物是调制鸡尾酒的最后一道工序。装饰物应带有芳香元素，以强化或汇集鸡尾酒的香味。回到招牌马提尼鸡尾酒，有三种传统装饰物可供选择：柠檬片，柠檬皮油会浮在饮品表面；橄榄，尝起来有咸鲜味和脂肪质地；或小块腌制银皮洋葱（马提尼配腌制银皮洋葱就是吉布森鸡尾酒）。这三种装饰物中，只有两种有味道——柠檬皮有纯粹的芳香功能。有趣的是，可以用完全相同的鸡尾酒液体，通过添加装饰物来改变其味道。但还是觉得喝不下去一杯加了柠檬的马提尼酒。对我来说，柑橘属水果让酒液尝起来更沙口，对我的味觉来说实在是一种挑战。绿橄榄在酒中的奶油般的咸味更符合我的口味。我觉得它把酒体凝聚在一起，使酒液口感更顺滑，而且还能作为饮酒结束时的小食，就像是吃约克郡布丁。但注意，装饰物对酒液的影响作用比想象的更重要，所以一定要好好利用。

# 调和鸡尾酒原料

## 杜松子调和鸡尾酒

### 酒柜存品

杜松子酒——有必富达和希普史密斯两种风味
干苦艾酒
甜苦艾酒
马拉斯奇诺樱桃利口酒
博克苦精

### 另备材料

新鲜柠檬
新鲜酸橙
新鲜橙子
盐水绿橄榄
柠檬甜酒
腌制银皮鸡尾酒洋葱

## 伏特加调和鸡尾酒

### 酒柜存品

伏特加——最好是口感顺滑的黑麦或小麦伏特加
干苦艾酒
菲诺雪莉酒
葡萄柚苦精

### 另备材料

新鲜柠檬
新鲜粉红葡萄柚
盐水绿橄榄
糖浆（见第047页）

## 威士忌干邑调和鸡尾酒

### 酒柜存品
..................

波旁威士忌
黑麦威士忌
苏格兰威士忌
安古斯图拉苦精
干邑
干苦艾酒
马拉斯奇诺樱桃利口酒
保乐苦艾酒
裴乔氏苦精
甜苦艾酒

### 另备材料
..................

新鲜柠檬
鲜橙子
马拉斯奇诺樱桃
糖浆（见第047页）

## 朗姆调和鸡尾酒

### 酒柜存品
..................

陈年金朗姆酒
安古斯图拉苦精
马拉斯奇诺樱桃利口酒
柑橘苦精
甜苦艾酒
橙味利口酒

### 另备材料
..................

新鲜橙子
石榴汁（见第047页）
马拉斯奇诺樱桃
糖浆（见第047页）

## 龙舌兰调和鸡尾酒

### 酒柜存品
..................

埃斯帕丁梅斯卡尔酒
微陈龙舌兰酒
葡萄柚苦精
柑橘苦精

### 另备材料
..................

龙舌兰糖浆（见第047页）
新鲜葡萄柚
新鲜橙子

# 干杜松子酒马提尼
## DRY GIN MARTINI

**50毫升**
（1⅔盎司）杜松子酒
**10毫升**
（2茶匙）干苦艾酒
**青橄榄或柠檬卷**

**饮品总容量：** 约80毫升（2⅔盎司）
**理想杯容量：** 100~150毫升（3⅓~5盎司）
**推荐酒杯：** 冰镇飞碟杯或马提尼酒杯

这款马提尼酒很有冲击力。它单纯、清爽、浓烈的味道适于使用伦敦干杜松子酒，但我更喜欢必富达——它平衡的柑橘味使得酒液添上清新香气，而苦杏仁和鸢尾根在鸡尾酒的整体口感中加入了一点儿圆润的口感。

---

在鸡尾酒摇罐中加满冰块。倒入杜松子酒和干苦艾酒，搅拌约15次混匀。将酒液用双层滤网滤入冰镇过的酒杯，再用橄榄或长柠檬皮装饰，使柠檬皮油溢至酒体表面，就可以饮用了。

**注** 如果对不同杜松子酒的冲击力感兴趣，试着喝几杯由不同杜松子酒制成的干马提尼酒，并注意闻到和尝到的味道。相信很快就会找到最喜欢用来做马提尼的杜松子酒。

- 杜松子酒
- 干苦艾酒

鸡尾酒：混合饮料的艺术、科学和乐趣

第七章　调和鸡尾酒

# 湿杜松子酒马提尼
## WET GIN MARTINI

**50毫升**
（1⅔盎司）杜松子酒

**15毫升**
（½盎司）干苦艾酒

**绿橄榄或柠檬皮**

**饮品总容量**：约85毫升（2⅔盎司加1茶匙）

**理想杯容量**：100～150毫升（3⅓～5盎司）

**推荐酒杯**：冰镇飞碟杯或马提尼酒杯

这是我最喜欢的马提尼酒。虽然这种鸡尾酒尝起来不甜也不酸，但干苦艾酒确实有一点儿甜味和酸味；本配方中增加了干苦艾酒量，调制出了一种不那么咄咄逼人、更平易近人的马提尼。还增加了这款鸡尾酒中干苦艾酒芳香剂的量，与杜松子酒结合时产生协同作用。

在鸡尾酒摇罐中加满冰块。倒入杜松子酒和干苦艾酒，搅拌约15次使之混匀。将酒液用双层滤网滤入冰镇过的酒杯，再用橄榄或长柠檬皮装饰，使柠檬皮油溢至酒体表面，就可以饮用了。

**注** 如果将湿马提尼和干马提尼进行比较，在两种鸡尾酒中使用相同的杜松子酒和干苦艾酒。这样，两款饮品唯一的差异是比例的差异，突出了多一点干苦艾酒对鸡尾酒平衡的影响。相信很快就能找到最喜欢用来做马提尼的杜松子酒。

- 杜松子酒
- 干苦艾酒

# 脏杜松子酒马提尼
## DIRTY GIN MARTINI

50毫升
(1⅔盎司)杜松子酒

5毫升
(1茶匙)干苦艾酒

10毫升
(2茶匙)罐装橄榄盐水

2颗绿橄榄

**饮品总容量**：约85毫升(2⅔盎司加1茶匙)

**理想杯容量**：100~150毫升(3⅓~5盎司)

**推荐酒杯**：冰镇飞碟杯或马提尼酒杯

橄榄的盐味和独特风味是这款鸡尾酒的特点，使之成为一款更有质感的饮品，那种皮革般的味道，为酒液增添了顺滑感。虽然不会把这种鸡尾酒描述为"重"口味，但如果喜欢更有冲击力的风味，建议试试这一款。

在鸡尾酒罐中加满冰块。倒入杜松子酒、干苦艾酒和橄榄盐水，搅拌约15次使之混匀。将酒液用双层滤网滤入冰镇酒杯，再用两颗橄榄装饰，就可以饮用了。

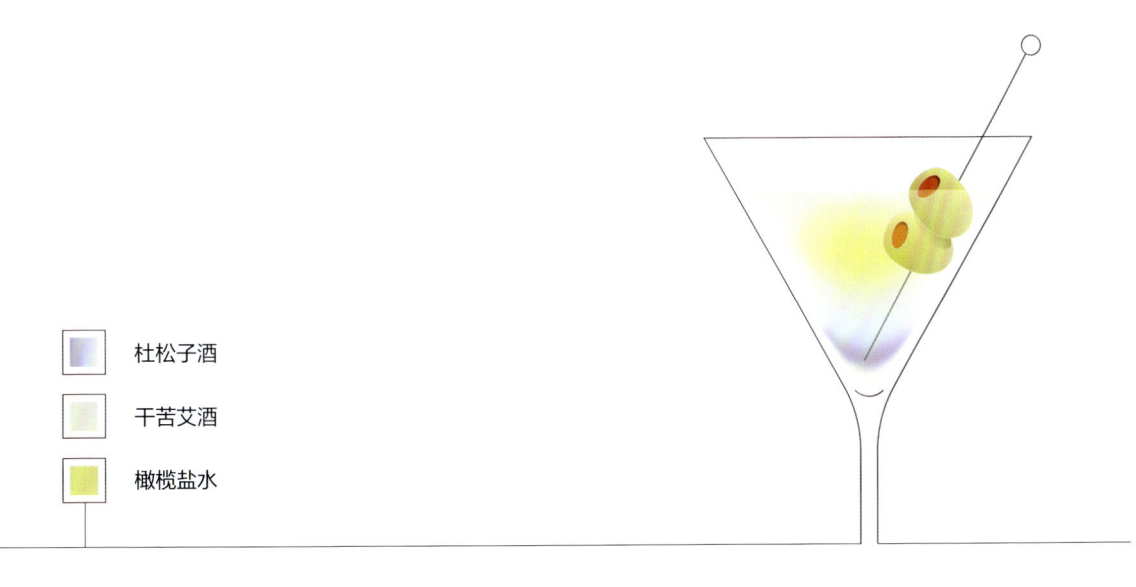

- 杜松子酒
- 干苦艾酒
- 橄榄盐水

第七章 调和鸡尾酒

# 吉布森鸡尾酒
## GIBSON

**50毫升**
（1⅔盎司）杜松子酒

**10毫升**
（2茶匙）干苦艾酒

罐中取出1.25毫升（¼茶匙）**腌制洋葱汁**

**腌制银皮鸡尾酒洋葱**

**饮品总容量**：约80毫升（2⅔盎司）

**理想杯容量**：100~150毫升（3⅓~5盎司）

**推荐酒杯**：冰镇飞碟杯或马提尼酒杯

对于这款鸡尾酒，我把对杜松子酒的偏爱换成了希普史密斯——它具有清新的木质味道，很好地抵消腌制洋葱的辛辣味。在传统配方中，这种鸡尾酒不含任何腌菜汁，但酸味的加入增加了一点复杂性，使味道更加可口。

---

在鸡尾酒罐中加满冰块。倒入杜松子酒、干苦艾酒和腌制洋葱汁，搅拌大约15次使之混匀。将酒液用双层滤网滤入冰镇过的酒杯，再用洋葱装饰后就可以饮用了。

**注** 可以购买小鸡尾酒洋葱，会更加适用。如果很难找到这些，普通的小银皮腌制洋葱也可以。如果觉得腌菜汁味道太重，可以不加。

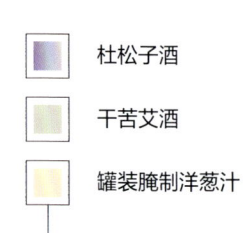

- 杜松子酒
- 干苦艾酒
- 罐装腌制洋葱汁

# 吉姆雷特鸡尾酒
## GIMLET

50毫升
（1⅔盎司）杜松子酒

25毫升
（⅔盎司加上1茶匙）柠檬甜酒

柠檬皮片

**饮品总容量**：约95毫升（3盎司加上1茶匙）

**理想杯容量**：100~150毫升（3⅓~5盎司）

**推荐酒杯**：冰镇飞碟杯

吉姆雷特鸡尾酒将我们带入了一个略有不同的调和鸡尾酒范畴，如果面对马提尼仍然有点打怵，建议从这里开始，因为会品味到额外的甜味、酸味和水果味。我喜欢这个简单的配方——突然之间，一瓶甜酒有了全新的作用，真的很美味。

在鸡尾酒罐中加满冰块。倒入杜松子酒和柠檬甜酒，搅拌大约15次使之混匀。将酒液用双层滤网滤入冰镇过的酒杯，再用柠檬片装饰，使柠檬皮油溢至酒体表面，就可以饮用了。

**注** 虽然这个配方要求用柠檬甜酒，但可以随意尝试任何甜酒。杜松子酒有很强的适应性——通过这种变化，可以将这种饮品推向不同的水果和风味方向。也可以自己调制甜酒。

- 杜松子酒
- 柠檬甜酒

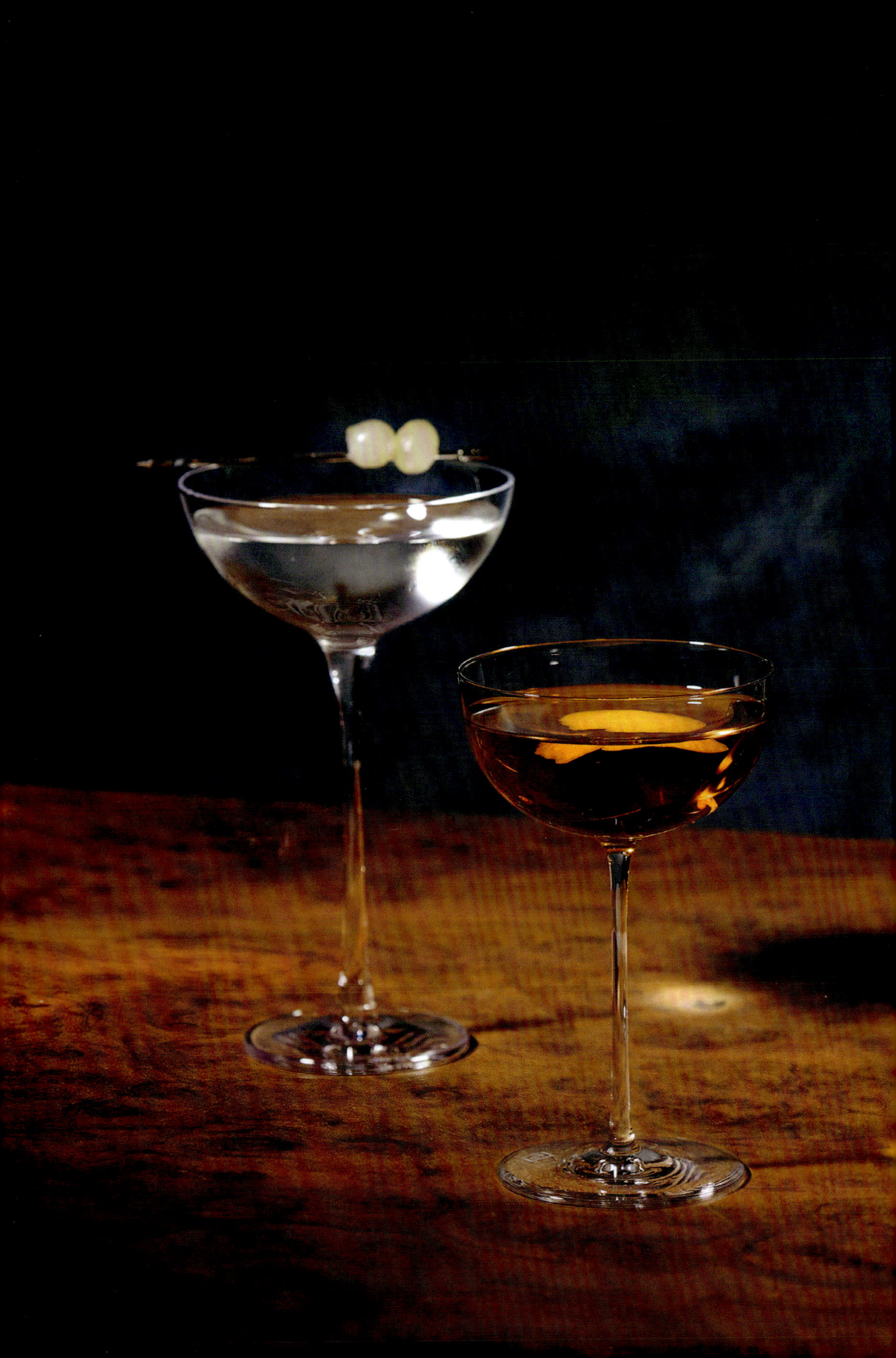

从左到右，吉布森鸡尾酒（见第096页）、马丁尼兹（见第103页）和脏伏特加马提尼酒尾酒（见第101页）。

# 伏特加马提尼
## VODKA MARTINI

50毫升
（1⅔盎司）伏特加

5毫升
（1茶匙）干苦艾酒

绿橄榄或柠檬皮

饮品总容量：约75毫升（2⅓盎司加1茶匙）

理想杯容量：100～150毫升（3⅓～5盎司）

推荐酒杯：冰镇飞碟杯或马提尼酒杯

伏特加马提尼的美妙之处在于其干净顺滑的口感。伏特加在这款鸡尾酒中很重要，所以建议用优质伏特加。黑麦伏特加会比小麦伏特加产生的层次更深、香味更饱满，但两者都很好——这取决于个人喜好。可以注意到这里减少了苦艾酒的用量，伏特加马提尼中的芳香剂也更少：这是为了让这款饮品聚焦于伏特加带来的干净清爽的风味效果。最后，不要忘记装饰物的重要性；橄榄会增加鸡尾酒的顺滑度，而柠檬会增加清新的芳香。

在鸡尾酒罐中加满冰块。倒入伏特加和干苦艾酒，搅拌大约15次使之混匀。将酒液用双层滤网滤入冰镇过的酒杯，再用橄榄或柠檬片装饰，使柠檬皮油溢至酒体表面，就可以饮用了。

**注** 在本配方中，可以随意尝试不同类型的伏特加，探索与干苦艾酒混合后的香味。

■ 伏特加

■ 干苦艾酒

鸡尾酒：混合饮料的艺术、科学和乐趣

# 脏伏特加马提尼
## DIRTY VODKA MARTINI

**50毫升**
（1⅔盎司）伏特加

**5毫升**
（1茶匙）干苦艾酒

**10毫升**
（2茶匙）罐装橄榄盐水

**2颗绿橄榄**

**饮品总容量**：约85毫升（2⅔盎司加1茶匙）

**理想杯容量**：100~150毫升（3⅓~5盎司）

**推荐酒杯**：冰镇飞碟杯或马提尼酒杯

您会注意到，当将这种鸡尾酒与脏杜松子酒马提尼（见第095页）进行比较时，这种饮品的美味特质会显得更加强烈，也更加引人注意。这也是芳香剂减少所致，毕竟我们没有使用杜松子酒。因此，如果正在寻找一种更可口的鸡尾酒，这种风格的马提尼会比较合适。

在鸡尾酒罐中加满冰块。倒入伏特加、干苦艾酒和橄榄盐水，搅拌大约15次使之混匀。将酒液用双层滤网滤入冰镇酒杯，再用两颗橄榄装饰，就可以饮用了。

- 伏特加
- 干苦艾酒
- 橄榄盐水

第七章 调和鸡尾酒

# 雪莉马提尼
## SHERRY MARTINI

**50毫升**
（1⅔盎司）伏特加

**15毫升**
（½盎司）菲诺雪莉酒

**柠檬皮片**

**饮品总容量**：约85毫升（2⅔盎司加1茶匙）

**理想杯容量**：100~150毫升（3⅓~5盎司）

**推荐酒杯**：冰镇飞碟杯或马提尼酒杯

本人倾向于使用小麦伏特加来调制雪莉马提尼，因为其味道更清淡，能让雪莉酒的味道更加清晰。如果手头只有黑麦伏特加，也没问题——可以搭配这种风格的伏特加。

在鸡尾酒罐中加满冰块。倒入伏特加和菲诺雪莉酒，搅拌大约15次使之混匀。将酒液用双层滤网滤入冰镇过的酒杯，再用柠檬片装饰，使柠檬皮油溢至酒体表面，就可以饮用了。

**注** 本人喜欢用西班牙南部沿海城镇桑卢卡尔-德巴拉梅达特有的曼萨尼亚菲诺雪莉酒。这些雪莉酒有坚果的味道和淡淡的盐味，很切合本配方。可以随意尝试不同风格的雪莉酒——大多数干雪莉酒都会产生好的效果。

- 伏特加
- 菲诺雪莉酒

# 马丁尼兹
## MARTINEZ

40毫升（1⅓盎司）杜松子酒

40毫升（1⅓盎司）甜苦艾酒

5毫升（1茶匙）马拉斯奇诺樱桃利口酒

4滴博克苦精

橙子皮片

饮品总容量：约110毫升（3⅔盎司）

理想杯容量：100～150毫升（3⅓～5盎司）

推荐酒杯：冰镇飞碟杯

马丁尼兹是一款经典鸡尾酒，为今天所知的马提尼奠定了基础。甜苦艾酒为这种饮品创造了一种与众不同的风味，可能更接近曼哈顿风味，但由于杜松子酒和博克苦精中的植物原料的结合，保留了清爽和草本的味道。在调制鸡尾酒时，推荐使用一款平衡的柑橘杜松子酒，毕竟如果草本杜松子酒过于强烈，则会使它失去平衡。

在鸡尾酒罐中加满冰块。倒入杜松子酒、甜苦艾酒、马拉斯奇诺樱桃利口酒和苦精，搅拌约15次使之混匀。将酒液用双层滤网滤入冰镇过的酒杯，再用橙子片装饰，使橙子皮油溢至酒体表面，就可以饮用了。

**注** 传统做法中要使用博克苦精。如果有博克苦精，一定要放点儿在鸡尾酒里。博克苦精有一种微暖风味，很适合这种饮品。如没有，试试安古斯图拉苦精，但用量要减半。

- 杜松子酒
- 甜苦艾酒
- 马拉斯奇诺樱桃利口酒
- 博克苦精

第七章 调和鸡尾酒

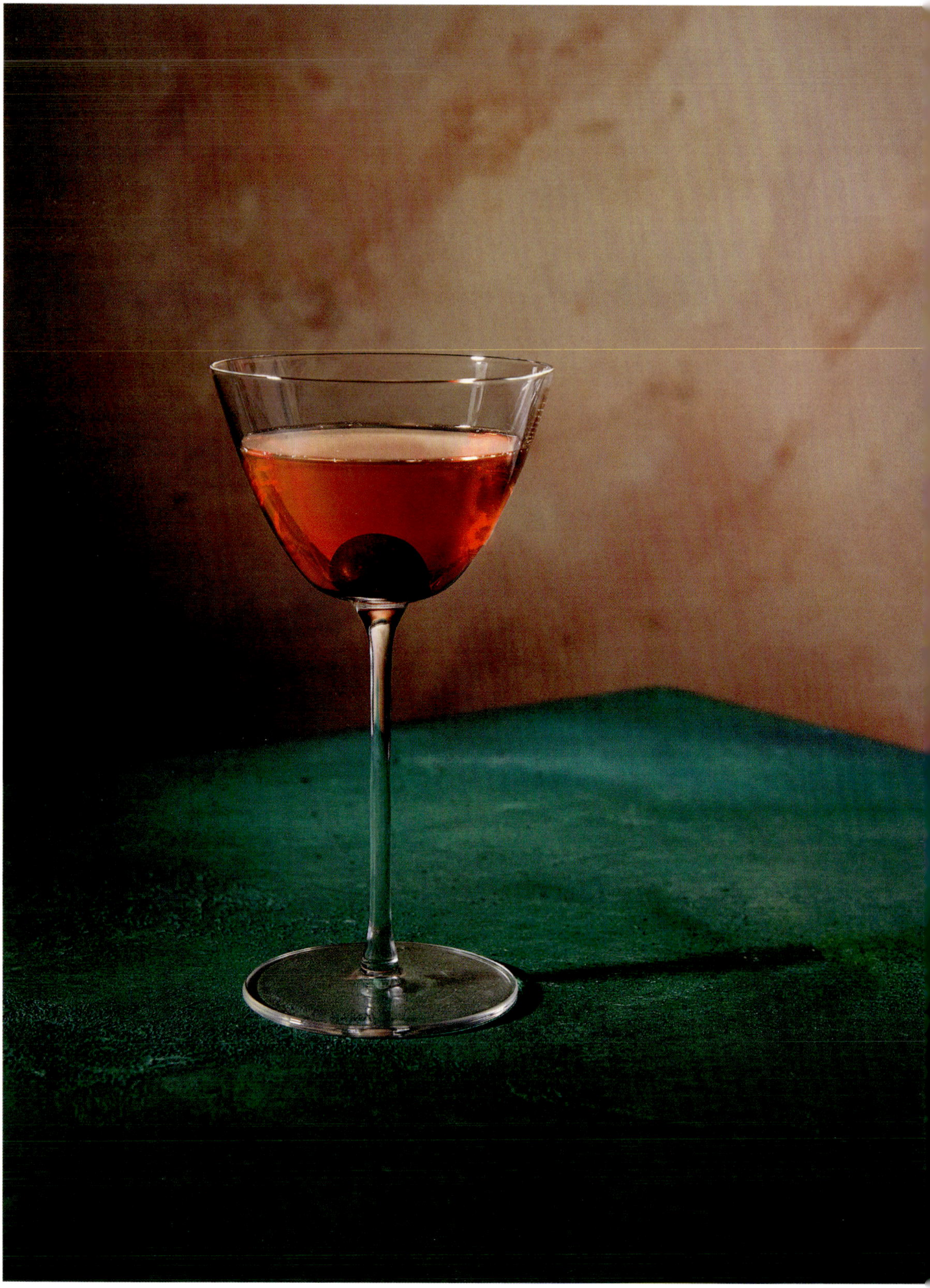

# 甜曼哈顿
## SWEET MANHATTAN

40毫升
（1⅓盎司）波旁威士忌
20毫升
（⅔盎司）甜苦艾酒
2.5毫升
（½茶匙）马拉斯奇诺樱桃利口酒
1滴安古斯图拉苦精
马拉斯奇诺樱桃

饮品总容量：约75毫升（2⅓盎司加1茶匙）
理想杯容量：100～150毫升（3⅓～5盎司）
推荐酒杯：冰镇飞碟杯

如果想探索使用波旁威士忌调制的调和鸡尾酒，可以先从甜曼哈顿开始。尽管这款鸡尾酒带有浓郁、甜美、温暖的木香味道，但余味却十分干爽，让人回味无穷。

在鸡尾酒罐中加满冰块。倒入波旁威士忌、甜苦艾酒、马拉斯奇诺樱桃利口酒和安古斯图拉苦精，搅拌大约15次使之混匀。将酒液用双层滤网滤入冰镇过的酒杯，再用一颗马拉斯奇诺樱桃装饰，就可以饮用了。

**注** 水牛足迹波旁威士忌是一款很棒的波旁威士忌，但是可以随意尝试选择，注意其是如何改变鸡尾酒的主要口味和风味持续度。

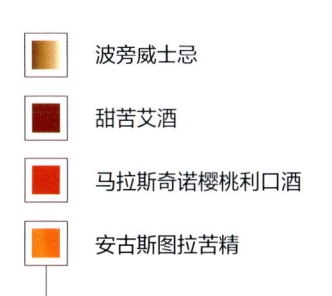

- 波旁威士忌
- 甜苦艾酒
- 马拉斯奇诺樱桃利口酒
- 安古斯图拉苦精

# 完美曼哈顿
## PERFECT MANHATTAN

40毫升
（1⅓盎司）波旁威士忌

10毫升
（2茶匙）甜苦艾酒

10毫升
（2茶匙）干苦艾酒

1滴安古斯图拉苦精

橙皮片

饮品总容量：约75毫升（2⅓盎司加1茶匙）

理想杯容量：100~150毫升（3⅓~5盎司）

推荐酒杯：冰镇飞碟杯

这款鸡尾酒比甜曼哈顿鸡尾酒的口感更淡更干，突出了波旁威士忌中常见的干柑橘蜜饯香味。如果喜欢柑橘类食物，这种风格的曼哈顿比较合适。请注意，苦艾酒和波旁威士忌的总体比例保持不变；前文中把苦艾酒分成了甜味和干味两种，这为这款鸡尾酒创造了一种不同的口味。

在鸡尾酒罐中加满冰块。倒入波旁威士忌、甜苦艾酒、干苦艾酒和安古斯图拉苦精，搅拌大约15次使之混匀。将酒液用双层滤网滤入冰镇过的酒杯，用橙皮片装饰，使橙子皮油溢至酒体表面，就可以饮用了。

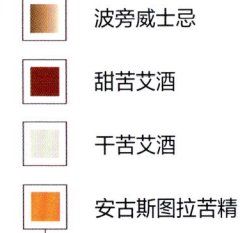

■ 波旁威士忌

■ 甜苦艾酒

□ 干苦艾酒

■ 安古斯图拉苦精

# 朗姆甜曼哈顿
RUM SWEET MANHATTAN

40毫升
（1⅓盎司）陈年金朗姆酒，比如哈瓦那俱乐部精选大师朗姆酒。
20毫升
（⅔盎司）甜苦艾酒
2.5毫升
（½茶匙）马拉斯奇诺樱桃利口酒
1滴安古斯图拉苦精
马拉斯奇诺樱桃

**饮品总容量**：约75毫升（2⅔盎司加1茶匙）
**理想杯容量**：100～150毫升（3⅓～5盎司）
**推荐酒杯**：冰镇飞碟杯

经典款鸡尾酒往往不受拘束，曼哈顿鸡尾酒也可以使用其他深色烈酒。因此，如果家里收藏了包括陈年朗姆酒在内的烈酒，可以在调制曼哈顿鸡尾酒时探索这些烈酒的潜力。

在鸡尾酒罐中加满冰块。倒入朗姆酒、甜苦艾酒、马拉斯奇诺樱桃利口酒和安古斯图拉苦精，搅拌大约15次使之混匀。将酒液用双层滤网滤入冰镇过的酒杯，再用一颗马拉斯奇诺樱桃装饰，就可以饮用。

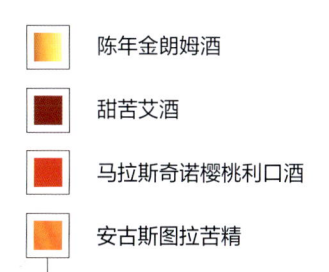

- 陈年金朗姆酒
- 甜苦艾酒
- 马拉斯奇诺樱桃利口酒
- 安古斯图拉苦精

第七章　调和鸡尾酒

# 罗伯·罗伊
ROB ROY

40毫升
（1⅓盎司）苏格兰威士忌

20毫升
（⅔盎司）甜苦艾酒

2.5毫升
（½茶匙）马拉斯奇诺樱桃利口酒

1滴安古斯图拉苦精

柠檬皮片

饮品总容量：约75毫升（2⅓盎司加1茶匙）

理想杯容量：100~150毫升（3⅓~5盎司）

推荐酒杯：冰镇飞碟杯

罗伯·罗伊的配方与甜曼哈顿的配方大致相同，只是将配方里的波旁威士忌换成了苏格兰威士忌。可以调制出一杯比甜曼哈顿更"高音调"的鸡尾酒。这是一款口味鲜明、近乎蜂蜜颜色的苏格兰鸡尾酒，威士忌的香味是该款鸡尾酒风味的核心。

在鸡尾酒罐中加满冰块。倒入苏格兰威士忌、甜苦艾酒、马拉斯奇诺樱桃利口酒和安古斯图拉苦精，搅拌大约15次使之混匀。将酒液用双层滤网滤入冰镇过的酒杯，再用柠檬片装饰，使柠檬皮油溢至酒体表面，就可以饮用了。

**注** 将橙子片换成柠檬片是因为柠檬的香气更适合苏格兰威士忌。

- 苏格兰威士忌
- 甜苦艾酒
- 马拉斯奇诺樱桃利口酒
- 安古斯图拉苦精

# 哈佛鸡尾酒
## HARVARD

40毫升
（1⅓盎司）干邑

40毫升
（1⅓盎司）甜苦艾酒

3滴安古斯图拉苦精

长条橙子皮

**饮品总容量**：约95毫升（3盎司加上1茶匙）

**理想杯容量**：100～150毫升（3⅓～5盎司）

**推荐酒杯**：冰镇飞碟杯

哈佛鸡尾酒的做法与曼哈顿鸡尾酒的做法相似并已得到简化。在本配方中，我们增加了甜苦艾酒的用量，同时省去了马拉斯奇诺樱桃，因为干邑的果香很好地平衡了苦艾酒的植物和芳香。

---

在鸡尾酒罐中加满冰块。倒入干邑、甜苦艾酒和安古斯图拉苦精，搅拌大约15次使之混匀。将酒液用双层滤网滤入冰镇过的酒杯，再用长条橙子皮装饰，使橙子皮油溢至酒体表面，就可以饮用了。

**注** 这款鸡尾酒的传统配方要求在成品饮品中加入少量苏打水。去掉了苏打水，这在现代酒吧里很常见。苏打水不会让饮品变得"黏稠"，但也不再"清爽"，生成了一种奇怪的体验。要注意这款鸡尾酒的稀释度，这款鸡尾酒需要稀释来释放原料的味道，这也是苏打水的作用。

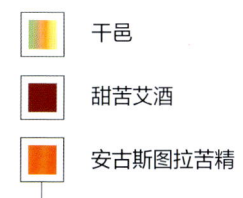

- 干邑
- 甜苦艾酒
- 安古斯图拉苦精

第七章 调和鸡尾酒

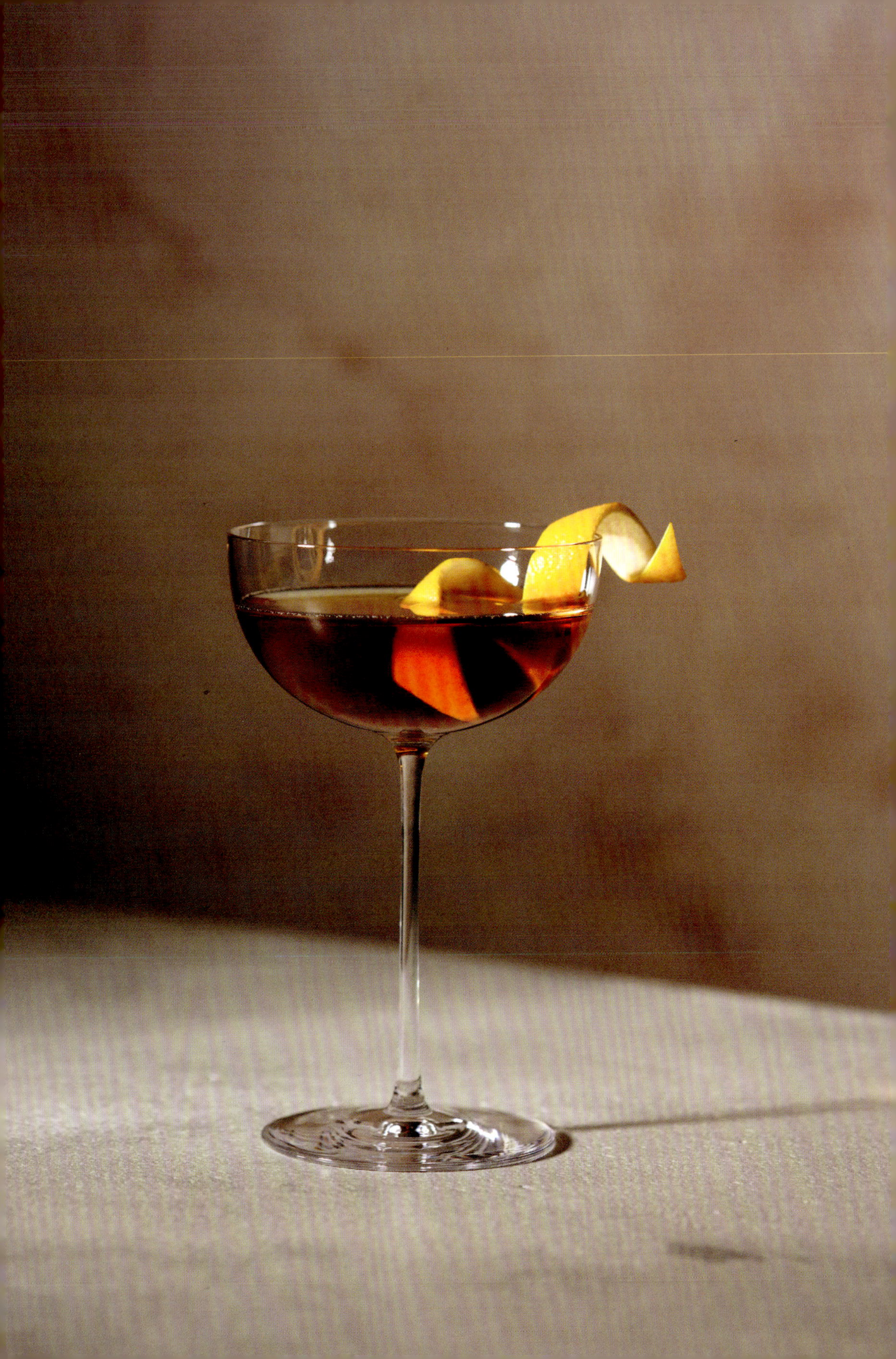

# 大总统
## EL PRESIDENTE

40毫升
（1⅓盎司）陈年金朗姆酒，比如哈瓦那俱乐部精选大师朗姆酒。

20毫升
（⅔盎司）甜苦艾酒

10毫升
（2茶匙）橙味利口酒

5毫升
（1茶匙）红石榴汁（见第047页）

橙子皮卷

饮品总容量：约95毫升（3盎司加上1茶匙）
理想杯容量：100~150毫升（3⅓~5盎司）
推荐酒杯：冰镇飞碟杯

　　本配方中，通过改用陈年朗姆酒，保留了甜味曼哈顿的结构，并在此基础上添加了橙味利口酒和红石榴汁。红石榴汁的红色水果香气巩固了甜苦艾酒的葡萄酒基础，而橙味利口酒增加了清新的柑橘味。总的来说，这款朗姆酒鸡尾酒有很醇厚的香味。

---

　　在鸡尾酒罐中加满冰块。倒入朗姆酒、甜苦艾酒、橙味利口酒和红石榴汁，搅拌大约15次使之混匀。将酒液用双层滤网滤入冰镇过的酒杯，用橙子皮卷装饰，使橙子皮油溢至酒体表面，就可以饮用了。

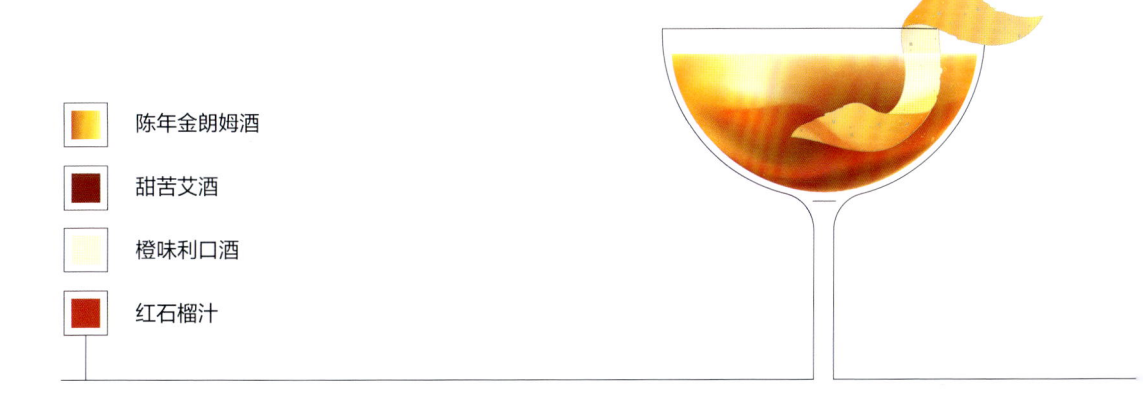

- 陈年金朗姆酒
- 甜苦艾酒
- 橙味利口酒
- 红石榴汁

第七章　调和鸡尾酒

# 古典鸡尾酒
## OLD FASHIONED

**5毫升**
（1茶匙）糖浆（见第047页）
4滴安古斯图拉苦精
**50毫升**
（1⅔盎司）波旁威士忌
**长条橙子皮**
**4块冰块或1块大冰块**
（备用）

**饮品总容量**：约70毫升（2⅓盎司）
**理想杯容量**：250毫升（8½盎司）
**推荐酒杯**：冰镇岩石杯

这是一款标志性鸡尾酒，口感纯粹，适合优雅地啜饮。当专注于波旁威士忌的品质时，请选择最喜欢的一款，并通过添加苦精、糖、橙子和少量稀释剂来探索其味道。

在鸡尾酒罐中加满冰块。倒入糖浆、安古斯图拉苦精和25毫升（⅔盎司加1茶匙）波旁威士忌，搅拌10次。加入剩余的25毫升（⅔盎司加1茶匙）波旁威士忌，再搅拌10次。将酒液用双层滤网滤入冰镇过的酒杯后加冰，再用长条橙子皮装饰，使橙子皮油溢至酒体表面，就可以饮用了。

**注** 在本款鸡尾酒中，首先加入糖和苦精，同时只加入一半的波旁威士忌。

这是为了确保糖和苦精溶解并与波旁威士忌融为一体。然后将剩余的波旁威士忌加入，这样就可以将波旁威士忌的香味分层，确保饮品不会被过度稀释。

- 波旁威士忌
- 糖浆
- 安古斯图拉苦精

鸡尾酒：混合饮料的艺术、科学和乐趣

# 苏格兰威士忌古典鸡尾酒
## SCOTCH OLD FASHIONED

3.75毫升
（3/4茶匙）糖浆（见第047页）
3滴安古斯图拉苦精
50毫升
（1⅔盎司）苏格兰威士忌
长条柠檬皮
4块冰块或1大块冰块
（备用）

饮品总容量：约70毫升（2⅓盎司）
理想杯容量：250毫升（8½盎司）
推荐酒杯：冰镇岩石杯

如果是苏格兰威士忌爱好者，这款经典鸡尾酒则是首选。这个版本中添加的糖和苦精更少，以平衡苏格兰威士忌的干爽，确保这两种原料不会主导和压过鸡尾酒的整体风味。

在鸡尾酒罐中加满冰块。倒入糖浆、安古斯图拉苦精和25毫升（⅔盎司加1茶匙）苏格兰威士忌，搅拌10次。加入剩余的25毫升（⅔盎司加1茶匙）苏格兰威士忌，再搅拌10次。将酒液用双层滤网滤入冰镇过的酒杯后加冰，再用长条柠檬皮装饰，使柠檬皮油溢至酒体表面，就可以饮用了。

**注** 可能想试试这款鸡尾酒的传统制法，即加5毫升（1茶匙）糖浆和4滴安古斯图拉苦精。根据自己的想法，可以研究一下这些原料如何共同发挥作用，从而找到适合自己和所选苏格兰威士忌的风味平衡点。

- 苏格兰威士忌
- 糖浆
- 安古斯图拉苦精

第七章　调和鸡尾酒

# 朗姆古典鸡尾酒
## RUM OLD FASHIONED

5毫升
（1茶匙）糖浆（见第047页）

4滴橙子苦精

50毫升
（1⅔盎司）陈年金朗姆酒，比如哈瓦那俱乐部精选大师朗姆酒。

长条橙子皮卷

4块冰块或1大块冰块
（备用）

饮品总容量：约70毫升（2⅓盎司）

理想杯容量：250毫升（8½盎司）

推荐酒杯：冰镇岩石杯

古典鸡尾酒的结构非常多变，可以轻松将其与不同类别的烈酒结合起来。在本配方中，苦精风味的变化增强了朗姆酒的顺滑芳香。与波旁威士忌那个版本相比（见第177页），这是一款古典鸡尾酒，口味更甜也更浓郁。

在鸡尾酒罐中加满冰块。倒入糖浆、橙子苦精和25毫升（⅔盎司加1茶匙）朗姆酒，搅拌10次。加入剩余的25毫升（⅔盎司加1茶匙）朗姆酒，再搅拌10次。将酒液用双层滤网滤入冰镇过的酒杯后加冰，再用长条橙子皮卷装饰，使橙子皮油溢至酒体表面，就可以饮用了。

**注** 可以尝试用一半安古斯图拉苦精和一半橙子苦精调制这种饮品。我自己喜欢橙子苦精的清淡，因为它能让朗姆酒的香味更加浓郁。

- 陈年金朗姆酒
- 糖浆
- 橙子苦精

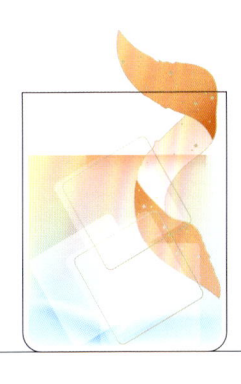

# 伏特加古典鸡尾酒
VODKA OLD FASHIONED

2.5毫升
（½茶匙）糖浆（见第047页）
3滴葡萄柚苦精
50毫升
（1⅔盎司）伏特加
长条粉红葡萄柚皮卷
4块冰块或1大块冰块
（备用）

**饮品总容量**：约85毫升（2⅔盎司加1茶匙）
**理想杯容量**：250毫升（8½盎司）
**推荐酒杯**：冰镇岩石杯

古典鸡尾酒可以充分利用伏特加干净柔滑的口感。其结果与传统的波旁古典鸡尾酒截然不同，但如果伏特加是您的首选烈酒，那么这款鸡尾酒的结构会给人带来惊喜。这是一种稍微甜一点的鸡尾酒，装饰物中苦味和芳香的味道占据了风味的中心位置。

---

在鸡尾酒罐中加满冰块。倒入糖浆、苦精和25毫升（⅔盎司加1茶匙）伏特加，搅拌15次。加入剩余的25毫升（⅔盎司加1茶匙）伏特加，再搅拌10次。将酒液用双层滤网滤入冰镇过的酒杯再加冰，用长条粉红葡萄柚皮卷装饰，使粉红葡萄柚皮油溢至酒体表面，就可以饮用了。

**注** 传统上来说，古典鸡尾酒是放安古斯图拉苦精的，但由于伏特加的结构如此干净，需要考虑哪种苦精最适合，因此改用更清淡的葡萄柚苦精。请记住这一点，并自由探索不同的更清淡的芳香鸡尾酒苦精甚至苦艾酒的潜力。

- 伏特加
- 糖浆
- 葡萄柚苦精

第七章　调和鸡尾酒

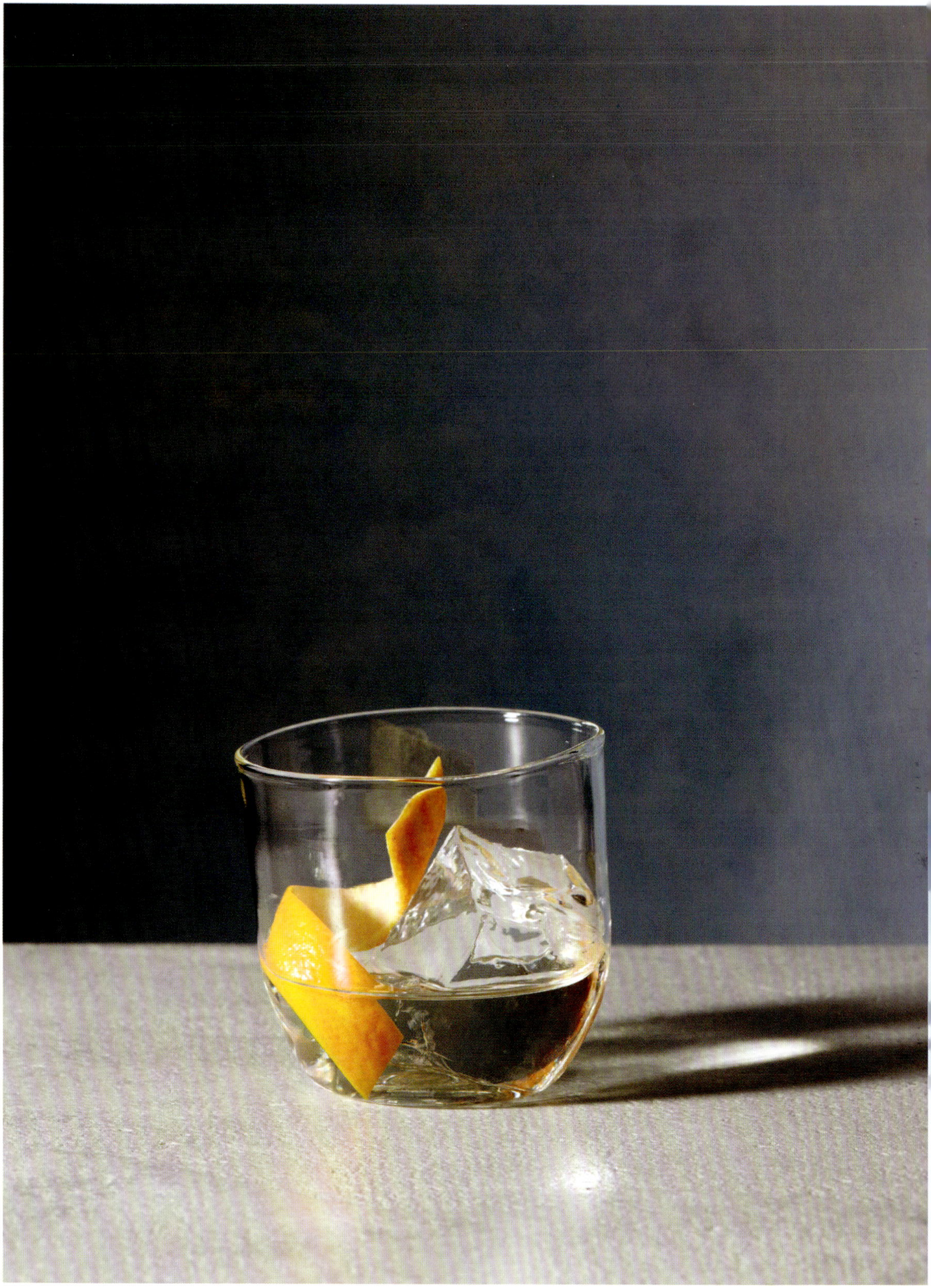

# 龙舌兰古典鸡尾酒
TEQUILA OLD FASHIONED

5毫升
（2茶匙）龙舌兰糖浆（见第047页）

4滴橙子苦精

50毫升
（1⅔茶匙）微陈龙舌兰（特其拉酒）

长条橙子皮

4块冰块或1大块冰块（备用）

**饮品总容量**：约80毫升（2⅔盎司）

**理想杯容量**：250毫升（8½盎司）

**推荐酒杯**：冰镇岩石杯

改用微陈龙舌兰后，用苦精的香气和甜味剂平衡了鸡尾酒的味道。龙舌兰糖浆的甜味可以用来平衡鸡尾酒，同时其整体香味可以用来增强微陈龙舌兰中龙舌兰的味道。橙子苦精更清淡，这很重要——安古斯图拉苦精的厚重会压倒并打破这款鸡尾酒的平衡。

在鸡尾酒罐中加满冰块。倒入龙舌兰糖浆、橙子苦精和25毫升（⅔盎司加1茶匙）微陈龙舌兰，搅拌10次。加入剩余的25毫升（⅔盎司加1茶匙）微陈龙舌兰，再搅拌10次。用双层滤网进行过滤，将酒液滤入冰镇过的酒杯后加冰，再用长条橙子皮装饰，使橙子皮油溢至酒体表面，就可以饮用了。

**注** 用微陈龙舌兰（特其拉酒）来调制这款鸡尾酒是因为其是在橡木桶中陈酿而成，酒液的味道更有层次感，非常适合这款饮品。可以尝试一下。如果想要更浓的橡木味，试试陈年龙舌兰，因为其已经在橡木桶中陈酿了至少一年。

- 微陈龙舌兰
- 龙舌兰糖浆
- 橙子苦精

第七章　调和鸡尾酒

# 梅斯卡尔古典鸡尾酒
## MEZCAL OLD FASHIONED

10毫升
（2茶匙）龙舌兰糖浆（见第047页）

4滴葡萄柚苦精

25毫升
（⅔盎司加1茶匙）埃斯帕丁梅斯卡尔酒

25毫升
（⅔盎司加1茶匙）微陈龙舌兰

长葡萄柚皮

4块冰块或1大块冰块（备用）

**饮品总容量**：约70毫升（2⅓盎司）

**理想杯容量**：250毫升（8½盎司）

**推荐酒杯**：冰镇岩石杯

在本配方中，核心结构与龙舌兰古典鸡尾酒一样，但加入了梅斯卡尔及其烟熏树脂味，因而这款饮品更具风味。梅斯卡尔酒在全球非常普遍，每个生产商都会提供口味独特的产品供大家品鉴。在本书的配方中，我用了略带甜味且口感温和的埃斯帕丁，调制出的梅斯卡尔古典鸡尾酒口味非常微妙。

---

在鸡尾酒罐中加满冰块。倒入龙舌兰糖浆、葡萄柚苦精、梅斯卡尔和龙舌兰酒，搅拌约20次。用双层滤网进行过滤，将酒液滤入冰镇过的酒杯后加冰，再用长葡萄柚皮装饰，等葡萄柚皮油溢至酒体表面，就可以饮用了。

**注** 本配方中采用的古典鸡尾酒调制方法略有变化，同时加入了两种烈酒。

这样就可以在混合过程中充分融合二者的特性。橙子苦精在这种鸡尾酒中也发挥了很大的作用。

- 埃斯帕丁梅斯卡尔酒
- 微陈龙舌兰
- 龙舌兰糖浆
- 葡萄柚苦精

# 萨泽拉克黑麦威士忌酒
## SAZERAC RYE

5毫升
（1茶匙）保乐苦艾酒

50毫升
（1⅔盎司）黑麦威士忌

6.25毫升
（1¼茶匙）糖浆（见第047页）

5滴裴乔氏苦精

削下的柠檬片

饮品总容量：约65毫升（2盎司加上1茶匙）

理想杯容量：250毫升（8½盎司）

推荐酒杯：冰镇岩石杯

在传统配方中，萨泽拉克是一种调和鸡尾酒。我喜欢采用摇和法调制的萨泽拉克，但是采用这种方法调制这款鸡尾酒在鸡尾酒界存在争议。短促而剧烈的摇晃将高香苦味酒、黑麦和糖的风味融合在一起，同时为饮品增添了一些质感。这有助于展现并传递这款鸡尾酒的风味。本书提供了两种调制方法，以便读者可以探索调制技术如何改变一款鸡尾酒。

**调和法**：首先，将苦艾酒加入岩石杯。在鸡尾酒罐中加满冰块。加入黑麦威士忌、糖浆和裴乔氏苦精，搅拌大约10次使之混匀。而后将苦艾酒倒入杯中，尽量沾满杯壁，然后将剩余的苦艾酒倒掉。用双层滤网进行过滤，将萨泽拉克滤入刚才杯壁沾满苦艾酒的杯中，再将柠檬片中的油挤到酒体表面。将用过的柠檬片丢掉，就可以饮用了。

**摇和法**：按照上面的说明用苦艾酒沾满岩石杯壁。在鸡尾酒摇壶中装上大半壶冰块。加入黑麦威士忌、糖浆和裴乔氏苦精，密封调酒壶并在短时间内用力摇晃。用双层滤网进行过滤，将萨泽拉克滤入刚才杯壁沾满苦艾酒的杯中，再将柠檬片中的油挤到酒体表面。将用过的柠檬片丢掉，就可以饮用了。

**注** 请注意这里所用的糖——6.25毫升（1¼茶匙）的数量单位，这个单位蛮有趣，但我个人认为这个用量适合这种饮品。也可以根据个人喜好增加或减少糖的用量，但不得低于5毫升（1茶匙）或高于10毫升（2茶匙）。

- 黑麦威士忌
- 糖浆
- 裴乔氏苦精
- 保乐苦艾酒

第七章 调和鸡尾酒

# 萨泽拉克干邑
## SAZERAC COGNAC

5毫升
（1茶匙）保乐苦艾酒

50毫升
（1⅔盎司）干邑

6.25毫升
（1¼茶匙）糖浆（见第047页）

5滴裴乔氏苦精

削下的柠檬片

饮品总容量：约65毫升（2盎司加1茶匙）

理想杯容量：250毫升（8½盎司）

推荐酒杯：冰镇岩石杯

萨泽拉克鸡尾酒是经典的鸡尾酒之一，通常可以加入黑麦酒和干邑两者中的一种。用干邑调制的萨泽拉克鸡尾酒在甜度和顺滑度上都略有提升，非常美味。

**调和法**：首先，将苦艾酒加入岩石杯。在鸡尾酒罐中加满冰块。加入干邑、糖浆和裴乔氏苦精，搅拌约10次使之混匀。而后将苦艾酒倒入杯中，尽量沾满杯壁，然后将剩余的苦艾酒倒掉。用双层滤网进行过滤，将萨泽拉克滤入刚才杯壁沾满苦艾酒的杯中，再将柠檬片中的油挤到酒体表面。将用过的柠檬片丢掉，就可以饮用了。

**摇和法**：按照上面的说明用苦艾酒沾满岩石杯壁。用冰块装满鸡尾酒调酒壶的大半部分。加入干邑、糖浆和裴乔氏苦精，密封调酒壶并用力短程摇晃。用双层滤网进行过滤，将萨泽拉克滤入刚才杯壁沾满苦艾酒的杯中，再将柠檬片中的油挤到酒体表面。将用过的柠檬片丢掉，就可以饮用了。

- 干邑
- 糖浆
- 裴乔氏苦精
- 保乐苦艾酒

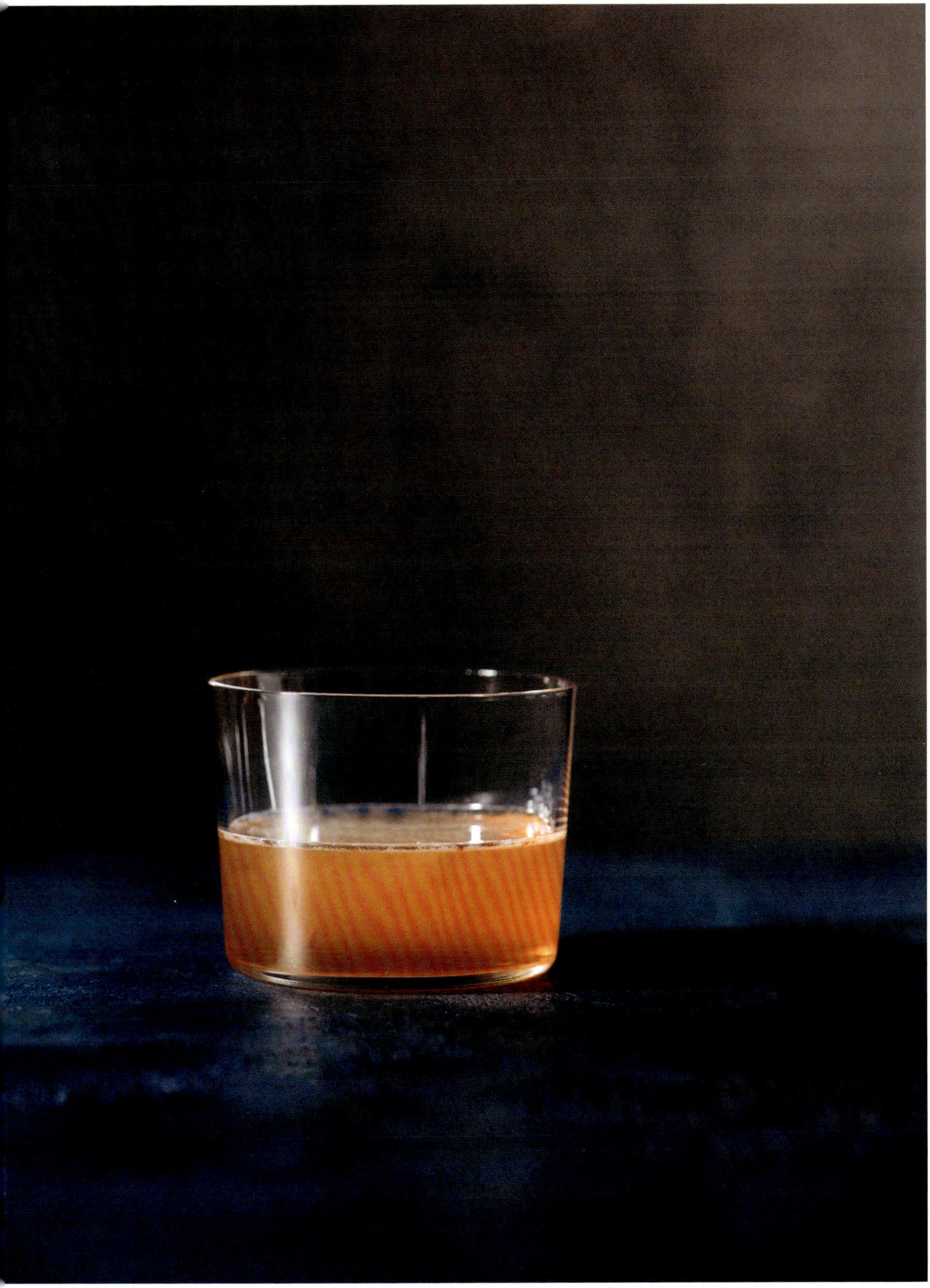

## 第八章
# 苦味鸡尾酒
## BITTER COCKTAILS

苦味十分复杂，不同的人对苦味有着不同的感受，所以它也是最有趣的基本口味之一。人类基因中的苦味受体数量决定了我们对苦味的敏感度。苦味受体数量越多，对苦味越敏感。人们将苦味视为一种难以应对的、很糟糕的体验。然而，随着时间的推移，可以努力克服这种感受，调整味觉，接受并享受苦味。每日喝咖啡就是一个很好的例子。通过选择食用的小食物和饮品，会慢慢变得习惯了苦味。

尽管苦味是最具争议的基本口味之一，但近年来，苦味鸡尾酒越来越受欢迎。在很短的时间内，广受欢迎的开胃酒以及口味更加浓烈的内格罗尼酒从小众鸡尾酒变成了主流鸡尾酒，将餐前酒文化仪式传播给了更广泛的受众。

在深入研究苦味鸡尾酒的结构之前，要强调一下这类鸡尾酒的多样性，每个人都可以享受并创造开胃酒时刻。开胃酒包括现成饮品、调和饮品和长饮饮品，我们可以探索不同的酒精含量、风味浓度和质地。这些鸡尾酒结构非常合理，调制方法简单，通常与咸味小吃是绝味拍档——如果想要招待宾客，这些鸡尾酒一定是迎宾饮品的首选。

**苦味有差别**

这类鸡尾酒的基底是由苦味烈酒（如意大利红苦艾酒）的味道品质决定的。调制这些饮品时，需将各种草药、鲜花、苦木和柑橘皮放入酒精和水中，然后在产出的酒液中加入糖块，制成一种苦甜味利口酒供大家饮用。注意，酒液中所含的糖分充足，本章中的配方都不需要额外加糖。

大多数利口酒的精确植物配方往往都无法公开获取——有些品牌甚至不会透露任何细节。但大家都知道，这些产品香气浓郁，味道浓烈，令人着迷。苦鸡尾酒的意义绝不仅仅在于它的苦味，还在于不同层次的苦感。一定要意识到不同植物会产生的苦味不同，并非所有的苦味都是一样的。像往常一样，先自己尝尝苦利口酒。如果手头有不止一种苦味利口酒或苦艾酒（也有轻微的苦味），那么依次品尝这些产品，以帮助区别每种产品的味道品质。注意所感知到的和所尝到的苦味的强度。下面有关常见苦味植物的描述可能有助于辨别液体中不同的苦味。

## 苦味描述

苦橙：未成熟水果般的苦涩
龙胆：干爽，具有木质香味，苦味非常浓烈
鸢尾根：苦味细腻而微妙
百里香：苦味没有那么强烈，但味道更辛辣

这些苦味植物的有趣和有用之处在于，它们不仅仅释放苦味，还可以帮助我们通过复杂的芳香特征与其他原料建立味道联系。利用传统、本能和逻辑，以及成分搭配书籍和网站等工具，可以寻找其他原料来补充这些苦味原料的芳香，然后把它们加入我们的鸡尾酒中。新鲜柑橘类植物可以和大黄互补，增加苦橙的鲜明度，玫瑰和橙花等花卉将与鸢尾形成良好的对比，可以通过添加其他绿色草药来构建复杂的口味。这些都是苦味鸡尾酒中常见的原料。虽然这一章并不注重于定制鸡尾酒的配方，但却是调酒师用来调制新饮品的思维过程和知识，记住这一点，下次去酒吧点定制鸡尾酒时会用到的。看看下面的芳香成分概况，了解更多关于每种苦味植物的细节。

## 芳香描述

苦橙：温暖、浓烈的柑橘香
龙胆：非常微妙的带有涩味的香气
鸢尾根：细腻的花粉香，让人联想到覆盆子
百里香：草本，温暖的植物萜烯香气，带有淡淡的柠檬味

最后，本配方中讨论的不仅仅适用于意大利红苦艾酒。干味苦艾酒和甜味苦艾酒以及这一类的酒都具有相似的植物结构，因此经常被用于苦味鸡尾酒中。杜松子酒的芳香也与这类烈酒相似，这就是为什么其在内格罗尼酒中效果如此好。

**鸡尾酒的苦味测定**

在香槟鸡尾酒一章中，我们了解到大道至简的原则，气泡赋予饮品质感。在调和鸡尾酒一章中，我们讨论了稀释的重要性，温度和装饰物对所尝到的酒液的影响。这些要点也同样适用于苦味鸡尾酒——事实上，适用于所有的鸡尾酒。这些是需要时刻牢记的关键原料元素。简化步骤十分重要，因为在苦鸡尾酒中使用的原料味道浓郁，稍微稀释一下能对这些饮品的味道产生很大的影响。从某种意义上说，这是创造新体验所需要的。本配方中使用的原料在这一品类中特立独行，它们自己创造了一些极为芳香美味的鸡尾酒。柑橘类装饰通常足以彰显酒杯中的柑橘味。

在测定苦味饮品中甜味的口感时，温度是一个至关重要的影响因素。低温会抑制味蕾，觉得糖不那么甜，但因为使用的原料是甜的，所以这也会对甜味口感很有帮助。只要给这些饮品加冰就可能会使苦味鸡尾酒释放出甜味。

然而，本章要探索的一个新结构元素是苦味、咸味和鲜味之间的关系。从某种意义上说，开胃酒鸡尾酒有一个额外的装饰物。它还可以作为小吃，搭配开胃酒食用，除了这些饮品，还有橄榄、奶酪和腌肉，这些都是比较常见的选择。这些食物的咸味和鲜味才是最吸引人的，给我们提供了新的平衡鸡尾酒口感的灵感。咸味抑制了对苦味的感知，还有助于减轻甜味，增强我们正在体验的整体味道。所以咸味零食配上苦味饮品可以让苦味更易于接受，并突出了酒液中丰富的植物味。鲜味的作用原理与此类似，它通过增加可口风味，增添了另一种口感，让味蕾，也就是大脑，更多地参与其中。下次享用或提供鸡尾酒小吃时，请记住这一点。

**开胃酒时间仪式**

开胃酒一般是晚餐前饮用的一种苦味鸡尾酒。这些饮品中含有苦味，人们认为其有助于刺激食欲。在意大利，这一传统已经形成了一整套仪式，开胃时间指的是傍晚时分，人们一边喝着美味又平和的鸡尾酒，一边享用橄榄、坚果、腌肉和奶酪等清淡的酒吧小吃。对很多人来说，开胃鸡尾酒能勾起假日或温暖的夏日夜晚的回忆。正是这种具有"吸引力"的情感和优雅的意大利饮食文化，使这类饮品成为招待客人时表达欢迎之情的完美选择。重点是仪式的传递效果，以及重温假日时刻或拥抱意大利传统文化的机会，为开胃酒时间带来一丝魔力。

## 苦味鸡尾酒原料

### 酒柜存品

意大利红苦艾酒，如金巴利酒
波旁威士忌
杜松子酒
梅斯卡尔酒
普罗塞克
甜苦艾酒

### 另备材料

新鲜橙子
苏打水

# 米兰都灵
## MILANO TORINO

**25毫升**
（⅔盎司加1茶匙）金巴利酒
**25毫升**
（⅔盎司加1茶匙）甜苦艾酒
**橘片**
**冰块（备用）**

饮品总容量：50毫升（1⅔盎司）
理想杯容量：250毫升（8½盎司）
推荐酒杯：岩石杯

米兰都灵是开胃酒时间的重要部分。其等量配方构成了内格罗尼及其众多烈酒、美式和意大利等鸡尾酒的基础结构。这些鸡尾酒有两个共同点：都以意大利红苦艾酒和甜苦艾酒的混合味道为基础，每款鸡尾酒中这两种原料的含量都是相等的。这是好事，因为我们可以更容易记住配方，也有机会探索这两种原料的变化与一个简单的原料添加或切换会给饮品带来怎样的风味改变。当探索下面的鸡尾酒配方时，也请记住这一点。

岩石杯中倒满冰块，加入金巴利酒和甜苦艾酒，搅拌5次混匀原料，再用一片橘子装饰，就可以饮用了。

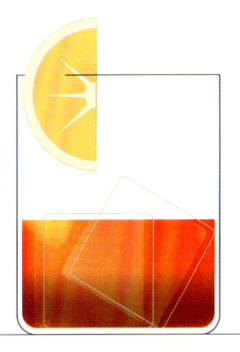

- 金巴利酒
- 甜苦艾酒
- 橘片
- 冰块

第八章　苦味鸡尾酒

# 内格罗尼酒
## NEGRONI

25毫升
(⅔盎司加1茶匙)金巴利酒
25毫升
(⅔盎司加1茶匙)甜苦艾酒
25毫升
(⅔盎司加1茶匙)杜松子酒
**橘片或橘皮**
**冰块(备用)**

**饮品总容量:** 约100毫升(3⅓盎司)
**理想杯容量:** 250毫升(8½盎司)
**推荐酒杯:** 岩石杯

杜松子酒中使用的植物成分与意大利红苦艾酒和甜苦艾酒中使用的植物成分互补,使这款鸡尾酒具有令人难以置信的芳香并且更强烈的酒精味。

鸡尾酒罐中加满冰块。倒入金巴利,甜苦艾酒和杜松子酒,搅拌15次,混合原料并进行稀释。岩石杯中倒满冰块,对酒液用双层滤网进行过滤,滤入杯中后再用一个橘片或橘皮装饰,就可以享用了。

**注** 一款口感平衡的柑橘类杜松子酒,如必富达杜松子酒,将完美地抵消一些金巴利和甜苦艾酒的味道。但是一定要先自行实验,尝试几种不同的杜松子酒,记住它们的味道搭配,最终找到喜爱的口味。

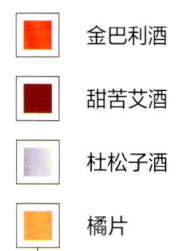

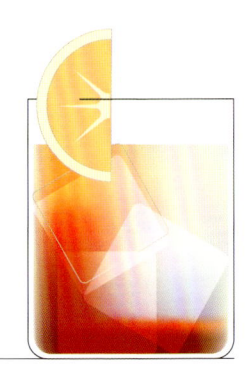

- 金巴利酒
- 甜苦艾酒
- 杜松子酒
- 橘片

第八章　苦味鸡尾酒

# 梅斯卡尔内格罗尼
## MEZCAL NEGRONI

**25毫升**
(⅔盎司加1茶匙) 金巴利酒

**25毫升**
(⅔盎司加1茶匙) 甜苦艾酒

**20毫升**
(⅔盎司) 梅斯卡尔

**橘片**

**冰块（备用）**

**饮品总容量**：约95毫升（3盎司加1茶匙）

**理想杯容量**：250毫升（8½盎司）

**推荐酒杯**：岩石杯

由于米兰都灵（见第127页）的基本原料产生了强烈的风味体验，我们有足够稳定的结构来尝试一些口感浓烈的添加物，如烟熏味，这就是梅斯卡尔在经典杜松子酒内格罗尼中发挥作用的地方。

---

鸡尾酒罐中加满冰块。倒入金巴利，甜苦艾酒和梅斯卡尔，搅拌15次，混匀原料并进行稀释。岩石杯中倒满冰块，酒液双层滤入杯中，再饰以一片橘片，就可以享用了。

**注** 梅斯卡尔有一种美妙的烟熏味，但味道过于强烈，所以为了保持内格罗尼的整体平衡，需要将梅斯卡尔添加量减少5毫升（1茶匙）。当然，这取决于个人喜好。可以改变梅斯卡尔的量来调出或浓或淡的鸡尾酒，不过只能改变用量，不能进行其他改动。本款配方保留了米兰都灵的结构，保持了甜味、苦味和芳香的平衡。

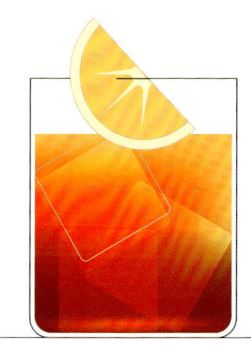

- 金巴利
- 甜苦艾
- 梅斯卡尔

鸡尾酒：混合饮料的艺术、科学和乐趣

# 花花公子
## BOULEVARDIER

40毫升
（1⅓盎司）波旁威士忌
20毫升
（⅔盎司）金巴利酒
20毫升
（⅔盎司）甜苦艾酒
橘皮卷

饮品总容量：约100毫升
（3⅓盎司）
理想杯容量：150~250毫升
（5~8½盎司）
推荐酒杯：冰镇飞碟杯

本配方从杜松子酒到波旁酒的切换创造了一种完美平衡的苦味鸡尾酒。波旁威士忌的甜黑麦口味为这款饮品增添了柔滑感，所以味道并不像想象中那么难以接受。

鸡尾酒罐中加入冰块。倒入波旁威士忌，金巴利酒和甜苦艾酒，搅拌20次混匀原料并进行稀释。对酒液进行双层过滤，滤入冰镇过的酒杯，再用橘皮装饰即可。

**注** 大多数波旁威士忌都适合这款鸡尾酒——可以选择温暖而浓郁的波旁威士忌来增加深厚感，或者选择味道鲜明的波旁威士忌（如美格波旁威士忌）来让鸡尾酒更加清淡且富有果味。注意，这里用了两倍的波旁和金巴利酒以及甜苦艾酒。由于波旁威士忌的味道非常顺滑，需要更多的波旁威士忌来抵消两种苦鸡尾酒的原料。

■ 金巴利
■ 甜苦艾酒
■ 波旁威士忌

第八章　苦味鸡尾酒　　131

# 美式咖啡
## AMERICANO

25毫升
(⅔盎司加1茶匙)金巴利酒
25毫升
(⅔盎司加1茶匙)甜苦艾酒
洒点苏打水
橘片
冰块(备用)

**饮品总容量**：75毫升(2⅓盎司加1茶匙)
**理想杯容量**：250毫升(8½盎司)
**推荐酒杯**：岩石杯或小高球杯

加入苏打水，释放出金巴利和甜苦艾酒的味道，软化这款鸡尾酒的基本原料带有的苦甜味。

酒杯装满冰块。倒入金巴利酒和甜苦艾酒，轻轻搅拌混匀后加入少许苏打水，再搅拌一次。最后，用一片橘片装饰，就可以饮用了。

**注** 可能得在这款鸡尾酒的旁边放一小瓶苏打水，这样客人就可以根据自己的喜好决定加多少苏打水了。

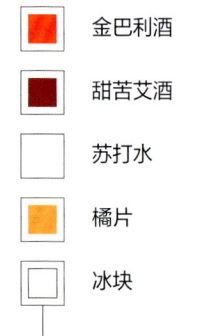

- 金巴利酒
- 甜苦艾酒
- 苏打水
- 橘片
- 冰块

第八章　苦味鸡尾酒

# 斯巴利亚托
## SPAGLIATO

**25毫升**
（⅔盎司加1茶匙）金巴利酒
**25毫升**
（⅔盎司加1茶匙）甜苦艾酒
普罗塞克酒
橘片
冰块（备用）

**饮品总容量**：75毫升（2⅓盎司加1茶匙）
**理想杯容量**：250毫升（8½盎司）
**推荐酒杯**：岩石杯或小高球杯

在美式咖啡的基础上，从苏打水切换为普罗赛克，增加了一点酸度和轻微的清新水果味，使这款鸡尾酒的味道更加鲜明。

---

酒杯装满冰块。倒入金巴利酒和甜苦艾酒，轻轻搅拌混匀后加入少量普罗塞克酒，再搅拌一次。最后，用一片橘片装饰，就可以饮用了。

**注** 从某种意义上说，这款鸡尾酒是开胃酒的表亲。所以，如果喜欢开胃酒，一定要试试这款，考虑一下甜苦艾酒带来的额外复杂性。

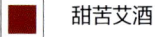

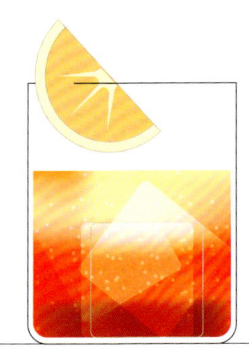

- 金巴利酒
- 甜苦艾酒
- 普罗塞克酒
- 橘片
- 冰块

鸡尾酒：混合饮料的艺术、科学和乐趣

# 量制米兰都灵
## BATCHED MILANO TORINO

250毫升
（8½盎司）金巴利酒

250毫升
（8½盎司）甜苦艾酒

**单批饮品总容量**：500毫升（17盎司）

**份数**：10份

**单杯饮品总容量**：因成品而异

**理想杯容量**：250毫升（8½盎司）

**推荐酒杯**：取决于成品

**批次保质期**：1周

这个量制配方的功能与本书中其他配方略有不同（见第208~211页）。使用米兰都灵作为苦鸡尾酒的基础结构时，可以将金巴利和甜苦艾酒预混在一起，这样就可以在大量调制米兰都灵、内格罗尼、梅斯卡尔内格罗尼、林荫大道、美洲酒或意大利酒时节省一步操作。请注意，这个配方中没有加水——继续搅拌或在冰上调制苦味鸡尾酒。

将金巴利酒和甜苦艾酒加入合适大小的壶中，搅拌均匀。保存在罐里或倒进瓶里，然后放在冰箱里冷却。招待客人时，按照选择的配方，用这个预混合瓶中的50毫升（1⅔盎司）代替25毫升（1⅔盎司加1茶匙）的金巴利和甜苦艾酒。

■ 金巴利酒
■ 甜苦艾酒

第八章 苦味鸡尾酒

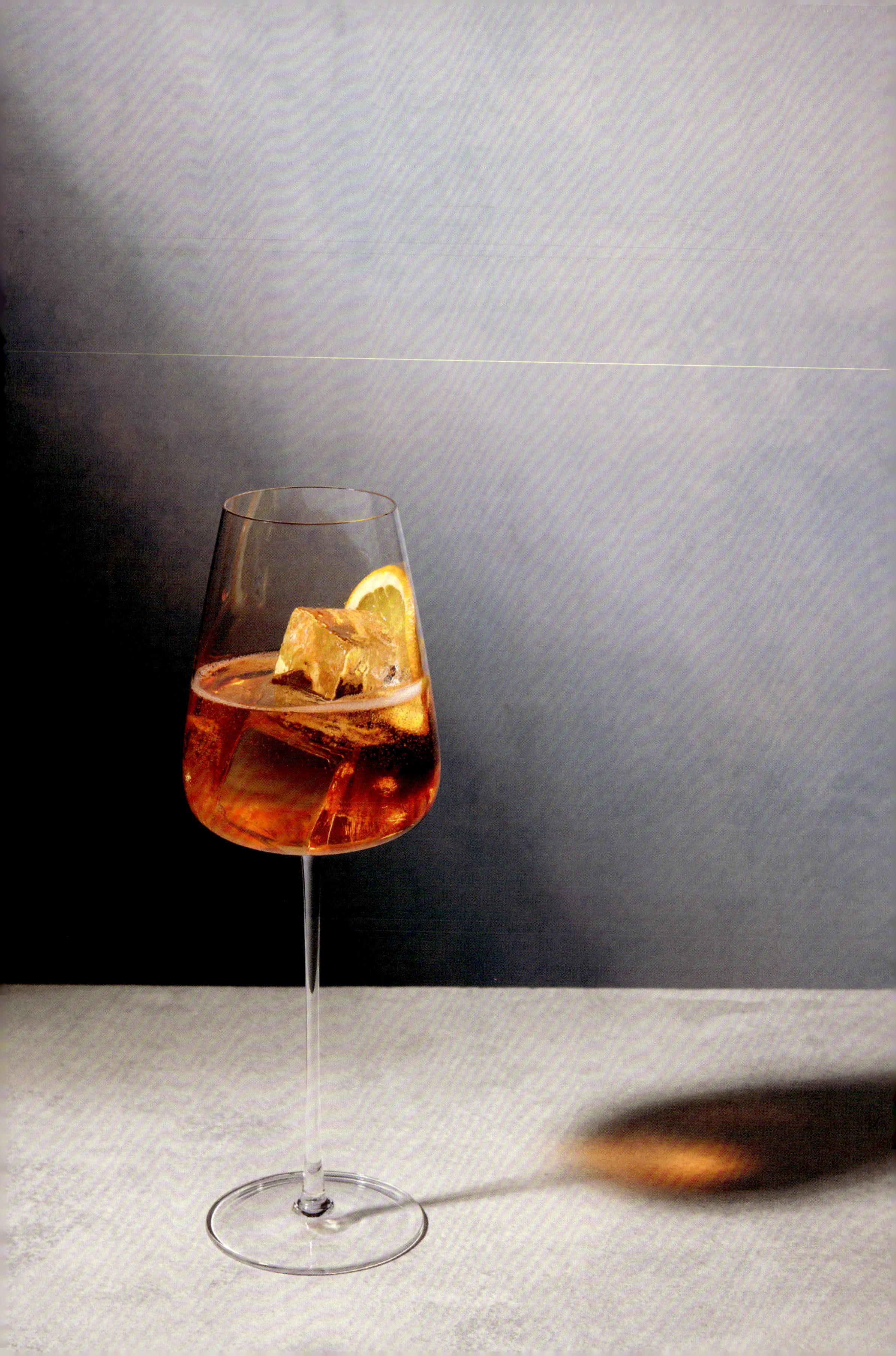

# 橘魅
## SPRITZ

50毫升
（1⅔盎司）阿佩罗利口酒

75毫升
（2⅓盎司加1茶匙）普罗赛克

25毫升
（⅔盎司加1茶匙）苏打水

橘片

冰块（备用）

饮品总容量：150毫升（5盎司）

理想杯容量：300毫升（10盎司）

推荐酒杯：葡萄酒杯

苦味酒有多个类型。本配方中改变了基酒和结构，但由于阿佩罗利口酒的特性，我们仍然保留了苦甜的口感。阿佩罗本身具有大黄味，更偏果味，而且稍微甜一些。如果还不太习惯苦味鸡尾酒，之前的配方听起来可能有点难以接受，那么先从阿佩罗利口酒开始尝试可能是一个不错的选择，可以让味蕾逐渐适应苦味。

---

酒杯装满冰块。倒入阿佩罗酒，再放上普罗赛克酒和苏打水，轻轻搅拌混合。最后，用一片橘子装饰，就可以饮用了。

**注** 可以用较多的普罗赛克代替苏打水。调出来的饮品口感会更温和，味道也更浓郁。

- 阿佩罗酒
- 普罗赛克酒
- 苏打水

第八章 苦味鸡尾酒

# 第九章
## 酸味鸡尾酒
SOUR COCKTAILS

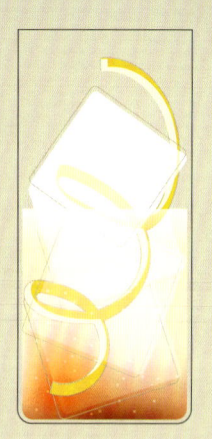

调制鸡尾酒的原因有时很简单，那就是有趣。在探索鸡尾酒的结构时，很容易把调制这些饮品变成一项严肃的事业，却忽略了这样一个事实：无论在家还是在酒吧喝鸡尾酒都应该是一件有趣的事情。鸡尾酒有一种魔力，能够注入和传递情绪并改变夜晚的氛围。如果香槟鸡尾酒是为了庆祝某个时刻，调和鸡尾酒可以唤起古典的优雅，那么苦味鸡尾酒则表达了我们夏季假期开胃酒时间的心情。酸味鸡尾酒则非常有趣，不得不承认，我喜欢酸味鸡尾酒，而且像我这样喜欢酸味鸡尾酒的人还有很多。在这一章中，我们将探索当焦点转移到酸味时鸡尾酒的结构会发生什么变化，同时也将尝试解开酸味鸡尾酒如此有趣的原因。

**酸味成为核心**

在开始鸡尾酒调制生涯时，我非常熟悉烈酒及其用途和风味。尽管有很多从未尝试过，但我已经了解了酸味作为一种基本味道是什么作用。因此，当调制第一杯酸味鸡尾酒时，有一点我是非常清楚的，那就是平衡的重要性，而这也是调制鸡尾酒的关键。酸味鸡尾酒应该尝起来是酸的，这是该类别饮品的特色。但是酸味是一种冲击力很强的味道，将主导一种酒液的风味，可这不一定是一种愉快的体验。作为新手，我意识到在酸味鸡尾酒中糖和柠檬汁或青柠汁一样重要。我喝的第一杯威士忌酸酒对我的影响很大，可以清楚地看到鸡尾酒的结构。添加到鸡尾酒摇罐中的每种成分都有一种功能，这种功能在逻辑上是建立在其原材料基础上的。我想象着每一种成分"升级"到下一种成分，创造出一种对我来说非常完美的鸡尾酒。

经典威士忌采用的是酸味逻辑，这种配方非常容易记。调制威士忌的第一步：50毫升。然后，再加一半的量：25毫升新鲜柠檬汁。如果想让柠檬汁的酸味抵消威士忌的味道，这个量非常合理。然后，25毫升蛋清——这很容易就能记住，因为手里还拿着一个25毫升的量杯。现在，在鸡尾酒摇罐里放了和威士忌一样多的其他原料。蛋清在这种饮品中的作用略有不同，需要的是它的质地而不是味道——但鸡尾酒摇壶中有100毫升液体，其中只有一半是威士忌。一勺15毫升的糖浆会让味道史上一层楼。糖的体积是柠檬汁的一半多一点，这意味着酸味仍然是主要的基本口味，但其冲击力已经减弱。我觉得糖在这种鸡尾酒中还发挥了其他作用。它是将所有其他成分粘合在一起的"胶水"，有助于使液体成为一个整体；如果不加糖，威士忌的味道和酸味之间则存在一场混乱的斗争。最后，加入两滴安古斯图拉苦酒，风味达到顶峰，并产生额外的效果——给我们的饮品调味。

当然，这是我自己的思考过程，我觉得这样更能说明自己的思考方式。但希望大家品鉴本章中的鸡尾酒后，会开始不用动手调制就能了解饮品的平衡和味道。酸味鸡尾酒的风味特征很容易想象，归根结底，作为一种基本味道，酸味是核心。

2滴安古斯图拉苦精
15毫升糖浆
25毫升蛋清
25毫升柠檬汁
50毫升威士忌

**泡沫的价值**

所有的酸都有质感。通过摇晃这些饮品，改变了液体的结构，使其充满气泡，并在口感上提供了一种略微不同的、几乎更轻盈、更柔软的质地。然而，在酸奶中加入蛋清会产生神奇的效果。这些鸡尾酒在酒吧里会像滚雪球一样越滚越大，这意味着只要端来一托盘酸奶供客人享用，这些客人就会成为舞台的焦点。其他人都想知道这些客人在喝什么，也想要品尝一样的饮品。我把这归于液体表面有看起来诱人的泡沫。在我看来，没有什么能够与柔软蓬松的泡沫破裂后露出的美味的液体相媲美。也许泡沫创造了一个引人入胜的转变元素。

液体进入鸡尾酒摇壶，单独摇晃一次，然后加入冰块，再次摇晃。从某种意义上来说，在液体上形成的是一种相当坚固的结构。这有点神奇。如果想知道两次摇晃所花费的时间和精力是否会让酸味更受欢迎，是否会让酸味变得更有价值。两次摇晃付出了较大的代价——让人筋疲力尽！我很少为自己调制酸味鸡尾酒，但在外面消费时，会点酸味鸡尾酒给自己，而且更加珍惜这些鸡尾酒。我知道自己喝的这杯鸡尾酒是别人辛辛苦苦调制出来的。

蛋清是产生泡沫的关键，因为其具有蛋白质结构，可以捕获空气并产生稳定的泡沫网络。正如哈罗德·麦基在他关于食物和烹饪的精彩著作中所描述的那样，"压力会增强蛋白质的聚集能力……稳定蛋清泡沫的关键是蛋白质在受到物理压力时会展开并相互结合的趋势。在泡沫中，这为泡沫墙创造了一种加固作用，相当于烹饪中的速凝水泥。"这里的重点是摇和方法，这种方法给蛋清充气，使其能够发挥魔力并产生泡沫。注意冰对泡沫的影响：低温确实会改变并降低蛋清的起泡能力。这就是为什么配方的方法里面有两次摇晃的方法——第一次不加冰摇晃是蛋清发挥最大作用的时候。

如果不能食用鸡蛋，也不要觉得遗憾。很容易就能买到纯素食泡沫替代品，这些替代品也能产生良好的效果。在家里放一瓶这样的产品非常有用，以防想喝一杯泡沫酸奶的时候却发现鸡蛋用完了。

### 建立有趣的因素

毫无疑问，与同伴一起或在特定娱乐场所喝鸡尾酒是一件非常有意思的事情。但我认为酸味之所以有意思还有另一个原因：我想通过与风味的联系来探索这个问题。当想到酸味是核心时，突然想到，作为基本口味，酸味和甜味的结合发生在我们吃的最有趣的两种口味的食物（水果和糖果）中。这绝不是说在其他食物中没有体验到酸甜的结合。但我相信，当决定同时吃水果和糖果时，会有特别的感受。我很想探索这种联系是否会转移到酸味鸡尾酒上。

如果你像我一样，从小只吃最常见的苹果、橘子和梨，那么看到任何这三种水果以外的水果都会觉得无比兴奋！我清楚地记得，第一次在超市看到荔枝时，请求工作人员允许我先尝一颗。不是家人不喜欢水果，只是进口水果价格很贵。也许这再次说明了我的一些处境。但正是生活中的这些经历帮助我们建立了食物价值和快乐体系。那时候，跟家人一起去法国度假时，逛超市就像逛主题公园一样；现在，我在国外时仍然会有这种感觉。如果接受这种观点（希望你能认同），那么吃一块水果就有了不同的意义——它充满冒险精神，因此很有趣。酸味本质上具有柠檬或青柠汁的水果味，但酸味鸡尾酒在这种基础水果味的基础上添加另一种水果成分（如利口酒）并不罕见。

没有什么比吃甜食更美妙的了。手里拿着一包糖果就像拿着一捆小珠宝，这些糖果带有强烈的甜味、酸味和水果味。这是我们小时候渴望的东西，可能成年后也是如此。本配方引发了怀旧情绪。一种最喜欢的甜食可以在几秒钟内将我们带回过去的经历。因此，这是我对酸味为什么有趣的第二个想法——尽管它们不是甜食，但确实具有相同的风味特征，有能力唤起怀旧情绪。此时此刻有人想吃酸梨吗？

### 实用笔记

现在应该知道，在酒吧环境中，提供鸡尾酒时，要始终考虑时间和生理因素。有一个无法回避的事实是，调制酸味鸡尾酒需要时间和精力。如果招待客人并且菜单上只提供一种摇饮，请注意这一点。确保手边还有另一杯饮品，可以快速方便地端上来供客人享用，以便在忙着摇晃这些酸味时为自己争取时间。祝你好运，希望会有客人觉得这种转变非常不可思议，想要学习如何调制美味的酸味鸡尾酒并主动提供帮助！

# 酸味鸡尾酒原料

## 酸味鸡尾酒原料

### 酒柜存品

杏仁利口酒
白兰地
杜松子酒
淡朗姆酒
马拉斯奇诺利口酒
梅斯卡尔酒
苏格兰威士忌
龙舌兰酒
橙味利口酒
伏特加

### 另备材料

龙舌兰糖浆（见第047页）
白砂糖
蔓越莓汁
新鲜柠檬
新鲜青柠
新鲜粉红葡萄柚
马拉斯奇诺樱桃
糖浆（见第047页）

## 口感更佳的酸味原料

### 酒柜存品

安摩拉多利口酒
安古斯图拉苦味酒
波旁威士忌
干苦艾酒
杜松子酒
红酒
苏格兰威士忌
橙味利口酒

### 另备材料

方糖
蛋清
新鲜柠檬
杏仁糖浆（见第047页）
树莓糖浆（见第047页）
砂糖糖浆（见第047页）

# 金黛西鸡尾酒
## GIN DAISY

50毫升
（1⅔盎司）杜松子酒

25毫升
（⅔盎司加1茶匙）柠檬汁

15毫升
（½盎司）橙味利口酒

10毫升
（2茶匙）糖浆（见第047页）

柠檬皮卷

饮品总容量：120毫升（4盎司）

理想杯容量：150~250毫升（5~8盎司）

推荐酒杯：冰镇大号飞碟杯

当谈到酸味鸡尾酒时，金黛西口味鲜明而生动，带有柑橘主导的酸味。在本配方中，橙味利口酒加强了柠檬汁的味道，构建了一种充满活力的清新味道，非常自然地抵消了酸味。采用的是杜松子酒的结构（特别是如果用柑橘主导的杜松子酒），也就是说，这里的原料组合在结构上非常简单，大多数杜松子酒都具有新鲜的植物味道和香气。

用冰块填满鸡尾酒摇罐的大半部分。加入杜松子酒、柠檬汁、橙味利口酒和糖浆，然后密封摇壶并摇晃。用双层滤网进行过滤，滤入冰镇过的酒杯，再用柠檬片装饰，等到柠檬片的油脂溢在液体表面，就可以享用了。

**注** 这款鸡尾酒的酸味比甜味更重。就这样试试吧，但是如果对你来说太酸的话，可以随意多加一点儿糖。

- 杜松子酒
- 柠檬汁
- 橙味利口酒
- 糖浆

# 威士忌黛西鸡尾酒
## SCOTCH DAISY

50毫升
(1⅔盎司)苏格兰威士忌

25毫升
(⅔盎司加1茶匙)柠檬汁

15毫升
(½盎司)橙味利口酒

10毫升
(2茶匙)糖浆(见第047页)

长柠檬皮

饮品总容量：120毫升(4盎司)

理想杯容量：150~250毫升(5~8½盎司)

推荐酒杯：冰镇大号飞碟杯

在本配方中，保留了金黛西的结构，含有相同量的酒精、柠檬汁、橙味利口酒和糖，但味道变得更温暖、更辛辣，酸味稍微温和。苏格兰威士忌的谷物和木质味使柠檬汁更加浓郁，而选择的威士忌中的泥炭味会为这款鸡尾酒增添一丝烟熏味。

---

用冰块填满大半鸡尾酒摇壶。加入苏格兰威士忌、柠檬汁、橙味利口酒和糖浆，然后密封摇壶并摇晃。用双层滤网进行过滤，滤入冰镇过的酒杯，再用一个长柠檬皮装饰，等柠檬油溢出了液体表面，就可以享用了。

**注** 如果是威士忌迷，或者只是好奇，尝试这款威士忌是非常有意思的事情。应该能够通过关注所选的烈酒品质来改变鸡尾酒的风味。

- 苏格兰威士忌
- 柠檬汁
- 橙味利口酒
- 糖浆

第九章 酸味鸡尾酒

# 航空信鸡尾酒
## AVIATION

**50毫升**
（1⅔盎司）杜松子酒

**25毫升**
（⅔盎司加1茶匙）柠檬汁

**10毫升**
（2茶匙）糖浆（见第047页）

**5毫升**
（1茶匙）马拉斯奇诺樱桃利口酒

**马拉斯奇诺樱桃**

**饮品总容量**：110毫升（3⅔盎司）

**理想杯容量**：150～250毫升（5～8½盎司）

**推荐酒杯**：冰镇大号飞碟杯

我们的首作是黛西鸡尾酒，现在开始转向一种不同的水果：樱桃。这是我最喜欢的饮品之一，但我喜欢樱桃。这种近乎杏仁蛋白软糖的花香与杜松子酒、柑橘和酸味相得益彰。

马拉斯奇诺利口酒味道浓郁，因此需要较少的利口酒来产生影响。大家会注意到黛西中的15毫升（½盎司）橙味利口酒变成了这里的5毫升（1茶匙）马拉斯奇诺。重要的是，保留了酒精的原始结构酸和甜，这意味着在展示新的水果风味的同时保持了平衡的口感。

---

用冰块填满大半鸡尾酒摇壶。加入杜松子酒、柠檬汁、糖浆和马拉斯奇诺利口酒，然后密封摇壶并摇晃。用双层滤网进行过滤，滤入冰镇过的酒杯，加上一颗马拉斯奇诺樱桃作为装饰。

**注** 一直以来，调酒师用紫罗兰利口酒调制航空信鸡尾酒，但这是一种需要后天适应的口味。改用马拉斯奇诺利口酒会创造出一种花香鸡尾酒，更适合更"现代"、更普遍的口感。

- 杜松子酒
- 柠檬汁
- 糖浆
- 马拉斯奇诺樱桃利口酒

鸡尾酒：混合饮料的艺术、科学和乐趣

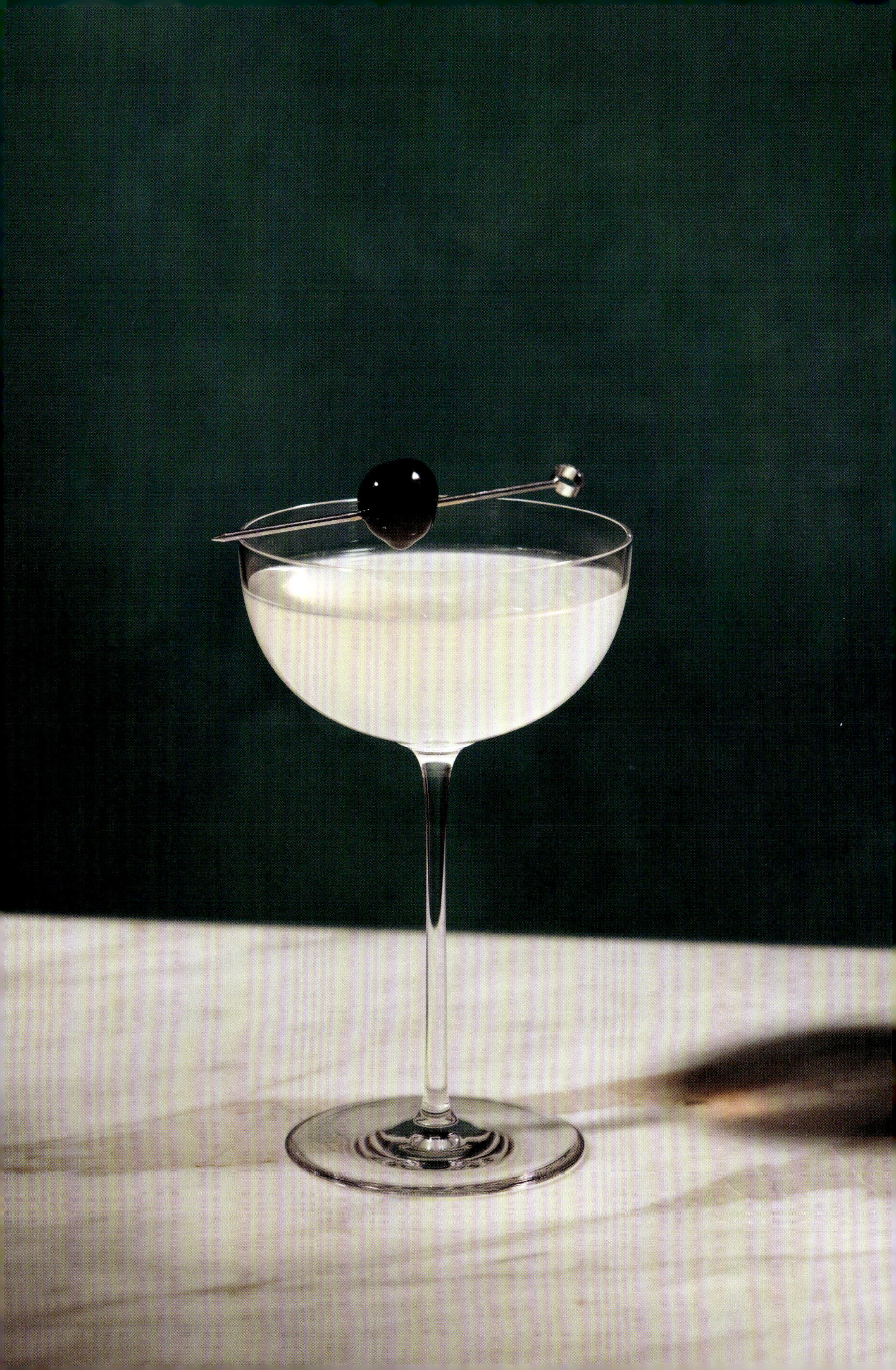

# 代基里鸡尾酒
## DAIQUIRI

**50毫升**
（1²⁄₃盎司）淡朗姆酒

**25毫升**
（²⁄₃盎司加1茶匙）青柠汁

**15毫升**
（½盎司）糖浆（见第047页）

**青柠卷**

饮品总容量：110毫升（3²⁄₃盎司）

理想杯容量：150～250毫升（5～8½盎司）

推荐酒杯：冰镇大号飞碟杯

基础配方是50毫升（1²⁄₃盎司）烈酒、25毫升（²⁄₃盎司加1茶匙）酸味和15毫升（盎司）甜味。现在，进入这款朗姆酒酸味鸡尾酒——代基里鸡尾酒。注意从柠檬汁到青柠汁的变化和效果。青柠汁比柠檬汁更酸，而且带有树脂味，味道稍微复杂一些。然而，淡朗姆酒给人一种甜味的印象，并有一种几乎"多汁"的味道，因此即使酸度发生变化，我们也能保持平衡。这意味着不需要减少鸡尾酒中青柠汁的体积。

---

用冰块填满大半鸡尾酒摇壶。加入淡朗姆酒、青柠汁和糖浆，然后密封摇壶并摇晃。用双层滤网进行过滤，滤入冰镇过的酒杯后用青柠装饰，就可以享用了。

- 淡朗姆酒
- 青柠汁
- 糖浆

# 海明威代基里
## HEMINGWAY DAIQUIRI

50毫升
（1⅔盎司）淡朗姆酒

25毫升
（⅔盎司加1茶匙）粉红葡萄柚汁

15毫升
（½盎司）青柠汁

5毫升
（1茶匙）马拉斯奇诺利口酒

5毫升
（1茶匙）糖浆（见第047页）

厚青柠片

饮品总容量：120毫升（4盎司）

理想杯容量：150～250毫升（5～8½盎司）

推荐酒杯：冰镇大号飞碟杯

我们的朋友马拉斯奇诺回来了！在经典代基里酒的基础上，添加了粉红葡萄柚汁，除其他外，还带来了轻微的木质味道，与马拉斯奇诺的樱桃杏仁味形成了鲜明对比。这是一款果香浓郁、清新有趣的鸡尾酒。

用冰块填满大半鸡尾酒摇壶。加入淡朗姆酒、粉红葡萄柚汁、青柠汁、马拉斯奇诺利口酒和糖浆，然后密封摇壶并摇晃。用双层滤网进行过滤，滤入冰镇过的酒杯，用厚青柠片装饰后，就可以享用了。

**注** 需要意识到新鲜果汁的味道会随着季节的变化而变化。注意果汁的质量，尤其是酸味和甜味。可能偶尔需要调整鸡尾酒中糖的含量。

- 淡朗姆酒
- 粉红葡萄柚汁
- 青柠汁
- 马拉斯奇诺利口酒
- 糖浆

第九章　酸味鸡尾酒

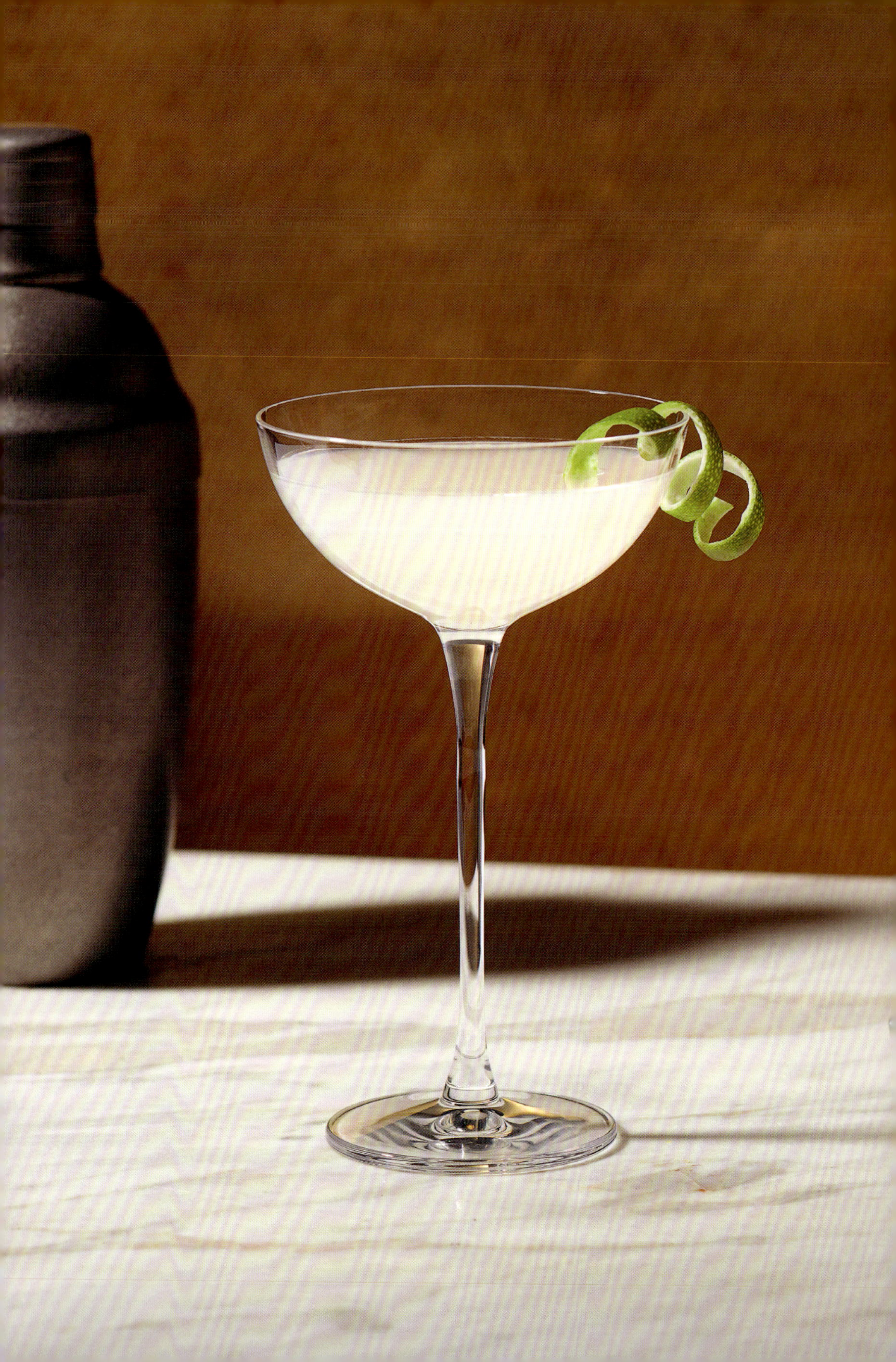

从左到右，代基里鸡尾酒（见第148页）和大都会鸡尾酒（见第152页）

# 大都会鸡尾酒
COSMOPOLITAN

40毫升
（1⅓盎司）伏特加

15毫升
（½盎司）橙味利口酒

20毫升
（⅔盎司）蔓越莓汁

5毫升
（1茶匙）青柠汁

1.25毫升
（¼茶匙）糖浆（见第047页）
青柠皮

总饮品量：100毫升（3⅓盎司）

理想杯容量：150～250毫升（5～8½盎司）

推荐酒杯：冰镇大号飞碟杯

这款标志性的现代鸡尾酒时而流行，时而不流行，但由于以伏特加为基底，具有独特的酸味，遂将其纳入本章。不得不承认，这是一种很难平衡的饮品，因为其两种酸味剂——青柠和蔓越莓汁——需要多加关注。由于这种复杂的酸味关系，酒精量减少了10毫升（2茶匙）。这有助于软化酸味的影响，并使饮品在整体体验中不会过于强烈。

用冰块填满大半鸡尾酒摇壶。加入伏特加、蔓越莓汁、青柠汁、橙味利口酒和糖浆，然后密封摇壶并摇晃。用双层滤网进行过滤，滤入冰镇过的酒杯，用青柠圈装饰，就可以享用了。

**注** 在鸡尾酒中使用的蔓越莓汁的类型会极大地改变调制的结果。处理果汁时有时难免会过度稀释，我用了高品质的天然浓缩果汁，尽量避免这种情况。在端给客人品尝之前，请先品尝下这款鸡尾酒，果汁可能更甜、更酸或味道更淡，因而可能多多少少需要添加蔓越莓汁来稍微调整配方。也要注意糖的用量，我觉得只用一点点对我来说就够了，但如果你觉得鸡尾酒味道有点淡，请增加用量。

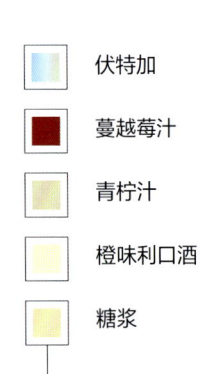

- 伏特加
- 蔓越莓汁
- 青柠汁
- 橙味利口酒
- 糖浆

鸡尾酒：混合饮料的艺术、科学和乐趣

# 边车鸡尾酒
SIDECAR

**50毫升**
（1⅔盎司）干邑

**25毫升**
（⅔盎司加1茶匙）橙味利口酒

**25毫升**
（⅔盎司加1茶匙）柠檬汁

**5毫升**
（1茶匙）糖浆（见第047页）

**糖边（见第027页）**

**总饮品量**：125毫升（4盎司加1茶匙）

**理想杯容量**：150～250毫升（5～8½盎司）

**推荐酒杯**：大号飞碟杯

第一步，加入50毫升（1⅔盎司）基酒和25毫升（⅔盎司加1茶匙）酸味柠檬汁。结构的变化伴随着橙味利口酒和糖量的变化。橙味利口酒是一种利口酒，因此具有酒精含量和甜味。其作用是在柠檬的柑橘风味上做文章，增强鸡尾酒的整体柑橘风味。这就是为什么它需要增加容量，以恰当地与干邑相抵。由于这一变化，必须将糖浆减少5毫升（1茶匙），否则酸味鸡尾酒会太甜。如果需要的话，再准备一个糖边——食用时会有额外的甜味。正如可能会怀疑的那样，有了这些结构上的变化，这款鸡尾酒喝起来会更有冲击力。

---

按照第027页的说明，在酒杯上调制一个糖边。用冰块填满大半鸡尾酒摇壶。加入干邑、柠檬汁、橙味利口酒和糖浆，然后密封摇壶并摇晃。对酒液用双层滤网进行过滤，滤入沾上糖边的酒杯中。

- 干邑
- 柠檬汁
- 橙味利口酒
- 糖浆

第九章　酸味鸡尾酒

# 玛格丽特
## MARGARITA

**50毫升**
（1⅔盎司）布兰科龙舌兰

**25毫升**
（⅔盎司加1茶匙）橙味利口酒

**25毫升**
（⅔盎司加1茶匙）青柠汁

**青柠角**

**盐边（见第027页）**

**饮品总容量**：120毫升（4盎司）

**理想杯容量**：150～200毫升（5～6⅔盎司）

**推荐酒杯**：岩石杯或大号飞碟杯

没有什么能比得上在与朋友共度的夜晚中享用墨西哥美食和玛格丽特酒。正如你现在预料到的那样，橙味利口酒为这款鸡尾酒的味道增添了复杂性。使用盐边时，有一个注意事项：只在酒杯的一半上加盐。这样一来，客人可以选择每口要尝试的盐量，让体验更加个性化。

---

按照第027页的说明，在一半酒杯上调制一个盐边。用冰块填满大半鸡尾酒摇壶。加入布兰科龙舌兰、橙味利口酒和青柠汁，然后密封摇壶并摇晃。用双层滤网进行过滤，滤入盐边酒杯，再用青柠角装饰。

**注** 布兰科龙舌兰是这款鸡尾酒的经典选择。如果你是龙舌兰酒迷，那么请随意尝试使用的龙舌兰酒，并注意这种经典鸡尾酒的结构对风味的影响。这样可以了解所选择的龙舌兰酒的质量和潜力。

布兰科龙舌兰

橙味利口酒

青柠汁

鸡尾酒：混合饮料的艺术、科学和乐趣

第九章 酸味鸡尾酒

# 汤米的玛格丽特鸡尾酒
## TOMMY'S MARGARITA

50毫升
（1⅔盎司）布兰科龙舌兰

25毫升
（⅔盎司加1茶匙）龙舌兰糖浆（见第047页）

25毫升
（⅔盎司加1茶匙）青柠汁

青柠角

盐边（见第027页）

**饮品总容量**：120毫升（4盎司）

**理想杯容量**：150~200毫升（5~6⅔盎司）

**推荐酒杯**：岩石杯或大号飞碟杯

想要做一杯汤米玛格丽特酒，只需把橙味利口酒换成龙舌兰糖浆，其他配方保持不变。在本配方中，龙舌兰带来了甜味和暖意，并在质地和口感上有些许圆润和浓郁。

按照第027页的说明，在一半酒杯上调制一个盐边。用冰块填满大半鸡尾酒摇壶。加入布兰科龙舌兰、龙舌兰糖浆和青柠汁，然后密封摇壶并摇晃。用双层滤网进行过滤，滤入盐边酒杯，再用青柠角装饰。

- 布兰科龙舌兰
- 龙舌兰糖浆
- 青柠汁

# 梅斯卡尔玛格丽特
## MEZCAL MARGARITA

50毫升
（1⅔盎司）梅斯卡尔

25毫升
（⅔盎司加1茶匙）橙味利口酒

25毫升
（⅔盎司加1茶匙）青柠汁

青柠角

盐边（见第027页）

饮品总容量：120毫升（4盎司）

理想杯容量：150~200毫升（5~6⅔盎司）

推荐酒杯：岩石或大型玛格丽特杯

　　将基酒从龙舌兰酒换成了梅斯卡尔酒，因而这款玛格丽特酒味道复杂。在本配方中，烈酒的树脂、草药和烟熏的特质将会散发光芒。

---

　　按照第027页的说明，在酒杯上调制一个盐边。用冰块填满大半鸡尾酒摇壶。加入梅斯卡尔、橙味利口酒和青柠汁，然后密封摇壶并摇匀。用双层滤网进行过滤，滤入盐边酒杯，再用青柠角装饰。

**注** 梅斯卡尔和龙舌兰酒混合也将在这款鸡尾酒中发挥作用，创造出一种介于传统玛格丽特和梅斯卡尔版本之间的饮品。保持50毫升（1⅔盎司）的酒精总量以保持平衡，但可以随意尝试不同比例的梅斯卡尔和龙舌兰酒，看看你对最终风味的设想如何。

梅斯卡尔

橙味利口酒

青柠汁

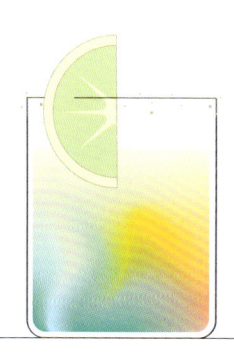

第九章　酸味鸡尾酒

# 斗牛士鸡尾酒
## TOREADOR

50毫升
（1⅔盎司）布兰科龙舌兰
25毫升
（⅔盎司加1茶匙）苦杏仁利口酒
25毫升
（⅔盎司加1茶匙）青柠汁
青柠角

饮品总容量：120毫升（4盎司）
理想杯容量：150~200毫升（5~6⅔盎司）
推荐酒杯：冰镇大号飞碟杯

水果风味在本章最后一款龙舌兰酸味鸡尾酒"斗牛士"中回归。苦杏仁利口酒温暖的核果味介于橙味利口酒和龙舌兰糖浆之间。因此，如果手头正好有苦杏仁利口酒，就值得尝试这款鸡尾酒，并最大限度地利用这种成分。

---

用冰块填满鸡尾酒摇罐的大半部分。加入布兰科龙舌兰、苦杏仁利口酒和青柠汁，然后密封摇壶并摇匀。用双层滤网进行过滤，滤入冰镇过的酒杯，用青柠角装饰。

- 布兰科龙舌兰
- 苦杏仁利口酒
- 青柠汁

# 威士忌酸
## WHISKEY SOUR

50毫升
（1⅔盎司）波旁威士忌

25毫升
（⅔盎司加1茶匙）柠檬汁

25毫升
（⅔盎司加1茶匙）蛋清

15毫升
（½盎司）糖浆（见第047页）

2滴安古斯图拉苦精，外加1滴用作配菜

总饮品量：135毫升（4½盎司）

理想杯容量：150~200毫升（5~6⅔盎司）

推荐酒杯：冰镇大号飞碟杯或岩石杯

正如在本章导言中讨论的那样，威士忌酸是泡沫酸味的基础结构。这种鸡尾酒提供了一种全新的体验威士忌的方式，在这种情况下，波旁威士忌是经典的首选。在本配方中，威士忌的麦芽味、甜味和浓郁的味道与柠檬汁的味道形成了鲜明的对比。蛋清泡沫通过柔软的质地使整个体验更加完美。你就算不是威士忌迷也能享受这款鸡尾酒。

将波旁威士忌、柠檬汁、蛋清、糖浆和少量安古斯图拉苦酒加入鸡尾酒摇壶中，然后密封摇壶并干摇。打开摇壶，将酒体倒出小一半，同时将较大的一半装满冰块。将酒液倒在冰上。重新密封摇壶并摇动。滤入冰镇过的酒杯，加上1滴安古斯图拉苦精作为配菜。

**注** 如果不能食用鸡蛋，但希望使用纯素食发泡产品，那就需要从配方中去除鸡蛋，并参考所选发泡产品的推荐剂量，以获得最佳效果。

- 波旁威士忌
- 柠檬汁
- 蛋清
- 糖浆
- 安古斯图拉苦酒

第九章 酸味鸡尾酒

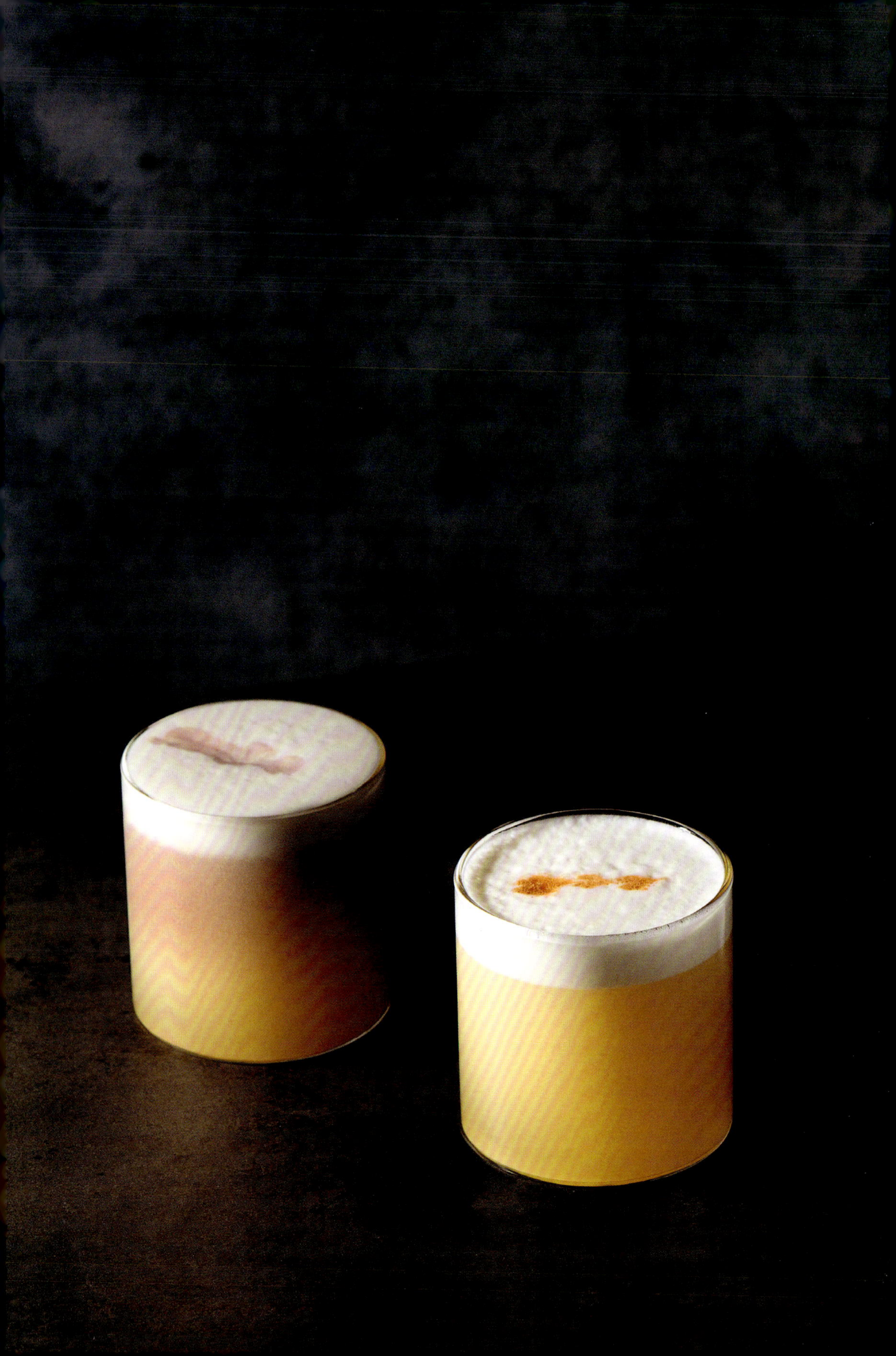

从左到右，威士忌酸（见第159页）和纽约酸味酒鸡尾酒（见第162页）

# 纽约酸味鸡尾酒
## NEW YORK SOUR

50毫升
（1⅔盎司）波旁威士忌

25毫升
（⅔盎司加1茶匙）柠檬汁

25毫升
（⅔盎司加1茶匙）蛋清

15毫升
（½盎司）糖浆（见第047页）

15毫升
（½盎司）红酒，用作装饰

**饮品总容量**：150毫升（5盎司）

**理想杯容量**：180~200毫升（6~6⅔盎司）

**推荐酒杯**：冰镇大号飞碟杯或岩石杯

当转向纽约酸味时，这种酒液的风味转向另一个方向。虽然红酒加酸威士忌听起来很奇怪，但确实有效。红葡萄酒中的单宁和橡木味将与波旁酒相结合，而红葡萄酒中多汁的红葡萄味与酸甜相结合，产生了美味的果香。

将波旁威士忌、柠檬汁、蛋清和糖浆加入鸡尾酒摇壶中，然后密封摇壶并干摇。打开摇壶，将酒体倒出较小一半，同时用冰块填充较大一半。将酒液倒在冰上。重新密封摇壶并摇动。滤入冰镇过的酒杯，慢慢将红葡萄酒倒在鸡尾酒上作为装饰就可以享用了。

**注** 结构平衡、果香浓郁的红酒最适合本配方。如果手头有波旁威士忌，也可以尝试使用。

- 波旁威士忌
- 柠檬汁
- 蛋清
- 糖浆
- 红酒

# 苏格兰威士忌酸
## SCOTCH WHISKY SOUR

50毫升
（1⅔盎司）苏格兰威士忌

25毫升
（⅔盎司加1茶匙）柠檬汁

25毫升
（⅔盎司加1茶匙）蛋清

15毫升
（½盎司）糖浆（见第047页）

2滴安古斯图拉苦精，外加1滴用作装饰

**总饮品量**：135毫升（4½盎司）

**理想杯容量**：150～200毫升（5～6⅔盎司）

**推荐酒杯**：冰镇大号飞碟杯或岩石杯

与黛西一样（见第144页），威士忌酸味料的结构足够灵活，可以与基酒一起在鸡尾酒中产生不同的风味效果。这是一种略带烟熏味口感鲜明的饮品。苏格兰威士忌在整体风味中占主导地位。

将苏格兰威士忌、柠檬汁、蛋清、糖浆和2滴安古斯图拉苦精加入鸡尾酒摇壶中，然后密封摇壶并干摇。打开摇壶，将酒体倒出较小一半，同时将较大的一半装满冰块。将酒液倒在冰上。重新密封摇壶并摇动。滤入冰镇过的酒杯，加上1滴安古斯图拉苦酒作为装饰。

**注** 如果这种饮品适合选用苏格兰威士忌，那么也适用其他威士忌。如果有精选的威士忌，请随意尝试并探索其潜力。

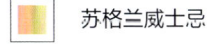

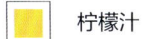

- 苏格兰威士忌
- 柠檬汁
- 蛋清
- 糖浆
- 安古斯图拉苦精

第九章 酸味鸡尾酒

# 苦杏仁酸味鸡尾酒
AMARETTO SOUR

50毫升
（1⅔盎司）意大利苦杏仁利口酒

25毫升
（⅔盎司加1茶匙）柠檬汁

25毫升
（⅔盎司加1茶匙）蛋清

2.5毫升
（½茶匙）糖浆（见第047页）

**饮品总容量：** 120毫升（4盎司）

**理想杯容量：** 150～200毫升（5～6⅔盎司）

**推荐酒杯：** 冰镇大号飞碟杯或岩石杯

意大利苦杏仁利口酒本身就是一种放纵的享受。因此，将它放入酸奶中会让这种金色的坚果液体变成一种有趣的、近乎涂鸦般的体验。如果不知道调制的鸡尾酒想表达什么样的情绪，酸苦杏仁利口酒则是首选，它的味道易于接受，甜酸味平衡，让人爱不释手。

将意大利苦杏仁利口酒、柠檬汁、蛋清和糖浆加入鸡尾酒摇壶中，然后密封摇壶并干摇。打开摇壶，将酒体倒出较小一半，同时将较大的一半装满冰块。将酒液倒在冰上。重新密封摇壶并摇动。滤入冰镇过的酒杯，就可以享用了。

**注** 对于酸味鸡尾酒来说，这种饮品更甜，因此在这个配方中减少了糖浆。可以根据自己的口味随意调整糖的含量。

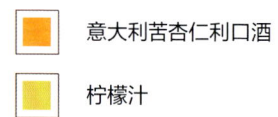

- 意大利苦杏仁利口酒
- 柠檬汁
- 蛋清
- 糖浆

# 陆海军
## ARMY AND NAVY

**50毫升**
（1⅔盎司）杜松子酒

**25毫升**
（⅔盎司加1茶匙）柠檬汁

**15毫升**
（½盎司）杏仁糖浆（见第048页）

**柠檬片**

饮品总容量：110毫升（3⅔盎司）

理想杯容量：150～200毫升（5～6⅔盎司）

推荐酒杯：冰镇大号飞碟杯

本配方中的质感不像本节中的其他配方那样来自泡沫。杏仁糖浆是一种杏仁牛奶糖浆，脂肪含量高，杏仁味道鲜美。当在鸡尾酒中摇晃这种糖浆时，将它与另一种成分乳化，从而产生一种美妙的丝滑质感。这种鸡尾酒非常受欢迎——平易近人、简单易行、味道鲜美。

用冰块填满大半鸡尾酒摇壶。加入杜松子酒、柠檬汁和橙汁，然后密封摇壶并摇匀。用双层滤网进行过滤，滤入冰镇过的酒杯，将柠檬片中的油挤出到液体表面后撇去就可以享用了。

- 杜松子酒
- 柠檬汁
- 杏仁糖浆

第九章　酸味鸡尾酒

# 白色佳人
## WHITE LADY

50毫升
（1⅔盎司）杜松子酒

25毫升
（⅔盎司加1茶匙）柠檬汁

25毫升
（⅔盎司加1茶匙）蛋清

15毫升
（½盎司）橙味利口酒

10毫升
（2茶匙）糖浆（见第047页）

柠檬皮卷

**饮品总容量**：145毫升（4⅔盎司加1茶匙）

**理想杯容量**：150~200毫升（5~6⅔盎司）

**推荐酒杯**：冰镇大号飞碟杯

这个配方你应该很熟悉。如果去掉蛋清，又回到了杜松子酒的配方。本配方中，可以期待同样的植物、柑橘和雏菊的明亮味道，但泡沫带来的质感体验使它变得柔和。

---

将杜松子酒、柠檬汁、蛋清、橙味利口酒和糖浆加入鸡尾酒摇壶中，然后密封摇壶并干摇。打开摇壶，将酒体倒出较小一半，同时将较大一半装满冰块。将酒液倒在冰上。重新密封摇壶并摇匀。滤入冰镇过的酒杯，用柠檬片装饰但不取柠檬油。

**注** 在本配方中，不从柠檬中榨油，因为它会破坏饮品顶部的泡沫。

- 杜松子酒
- 柠檬汁
- 蛋清
- 橙味利口酒
- 糖浆

鸡尾酒：混合饮料的艺术、科学和乐趣

第九章 酸味鸡尾酒

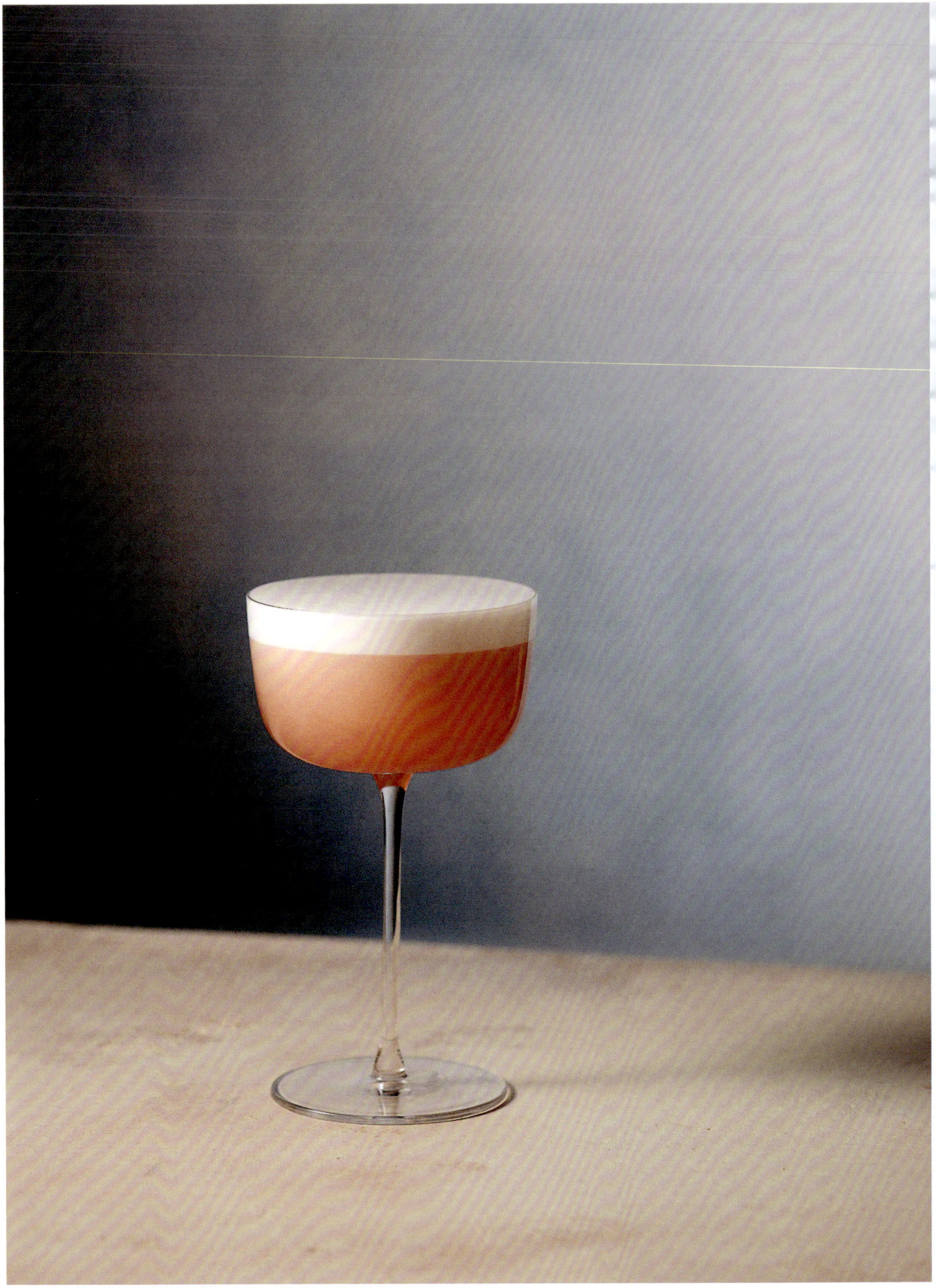

# 三叶草俱乐部
## CLOVER CLUB

50毫升
（1⅔盎司）杜松子酒

25毫升
（⅔盎司加1茶匙）柠檬汁

25毫升
（⅔盎司加1茶匙）蛋清

15毫升
（½盎司）覆盆子糖浆

15毫升
（½盎司）干苦艾酒

饮品总容量：150毫升（5盎司）

理想杯容量：180~200毫升（6~6⅔盎司）

推荐酒杯：冰镇大号飞碟杯

　　我的第一个三叶草俱乐部配方强调了鸡尾酒结构中的风味潜力。仍然用50毫升酒精、25毫升酸味、25毫升质地和15毫升甜味的创始步骤。还有一瓶15毫升干苦艾酒，这是一种高度加香的酒液，通常在马提尼酒中与杜松子酒一起饮用。

　　现在，想象一下3D形状的马提尼酒的风味和体验，一个压缩的手风琴。再想象一下展开马提尼手风琴。接着想象一下，每个波峰和波谷都是一种独特的味道。山峰前调是柠檬和橙子、芫荽籽、杜松，可能还有一些花香或淡淡的草药味。槽状部分将是鸢尾、甘草、树皮和较重的草本植物的基调。可以从左向右移动，开始想象对马提尼的体验是如何随着时间的推移而建立和变化的。

　　通过检验这个结构，可以开始看到每个褶皱之间的空间，注意这里开始形成的形状。也可以开始想象还有什么其他口味适合这个领域。覆盆子突然看起来像是杜松子酒和干苦艾酒的合理搭配。这就是所说的味道之间的"空间"或"间隙"。我喜欢本配方中探索鸡尾酒作为风味载体的潜力。持这种观点时，我能理解这种经典鸡尾酒的作用原理，对我的体验建立一种期望，并希望在未来受到启发去创造一些新的东西。

　　将杜松子酒、柠檬汁、蛋清、覆盆子糖浆和干苦艾酒加入鸡尾酒摇壶中，然后密封摇壶并干摇。打开摇壶，将酒体倒出较小一半，同时将较大一半装满冰块。将酒液倒在冰上。重新密封摇壶并摇动。滤入冰镇过的酒杯中就可以享用了。

- 杜松子酒
- 柠檬汁
- 蛋清
- 覆盆子糖浆
- 干苦艾酒

第九章　酸味鸡尾酒

# 第十章
# 长饮鸡尾酒
## LONG COCKTAILS

长饮鸡尾酒创造了一个独特的机会，让我们可以通过更高的稀释倍数来探索烈酒的潜力。除了少数例外情况（比如美式咖啡鸡尾酒，虽然它是一种苦味鸡尾酒，但也被归类为长饮），到目前为止，大多数鸡尾酒都具有强烈的冲击力。这并不是说长饮鸡尾酒的风味就没有体验价值了，实际上恰恰相反。从某种意义上说，长饮鸡尾酒给了我们放松的机会。通过苏打水或调酒师的额外稀释，长饮鸡尾酒带来了低酒精度的珍贵体验。

稀释也会改变所体验到的味道强度，虽然我喜欢味道带来的冲击，但有时确实想要一种几乎"无意识"的体验。这有点像安慰性食物，当不知道什么能让你感到满足时，一杯长饮鸡尾酒往往就能满足。这款鸡尾酒是一个安全的起点，不会给感官带来无法承受的冲击。作为享用者，无需考虑太多，只需坐下来，放松心情，尽情享受。

作为主人，长饮鸡尾酒也是一种很好的工具。如果客人是第一次喝鸡尾酒，或者不确定客人的个人喜好，那么长饮鸡尾酒就是一个很好的解决方案。这些鸡尾酒也是用酒杯调制的，因此调制起来很快，之后也很容易清理，这最终赢得了时间，可以坐下来放松和享受乐趣。

**继续探讨结构……**

在品尝本章的鸡尾酒时，希望大家能注意两点。首先，许多鸡尾酒都非常纯粹。威士忌高杯酒（见第191页）等鸡尾酒注重烈酒的品质，通过稀释和气泡让烈酒的风味大放异彩。

其次，应该认识到酸味鸡尾酒的结构。本章中的许多鸡尾酒都采用相同的基本配方，即50毫升烈酒、25毫升酸和15毫升糖。这提供了一个可以依赖的核心架构，同时还可以添加额外的稀释剂，在某些情况下，还可以添加风味。因此，如果酸味鸡尾酒过于浓烈，不妨试试汤姆科林斯（见第173页），看看是否能扩大个人喜好。

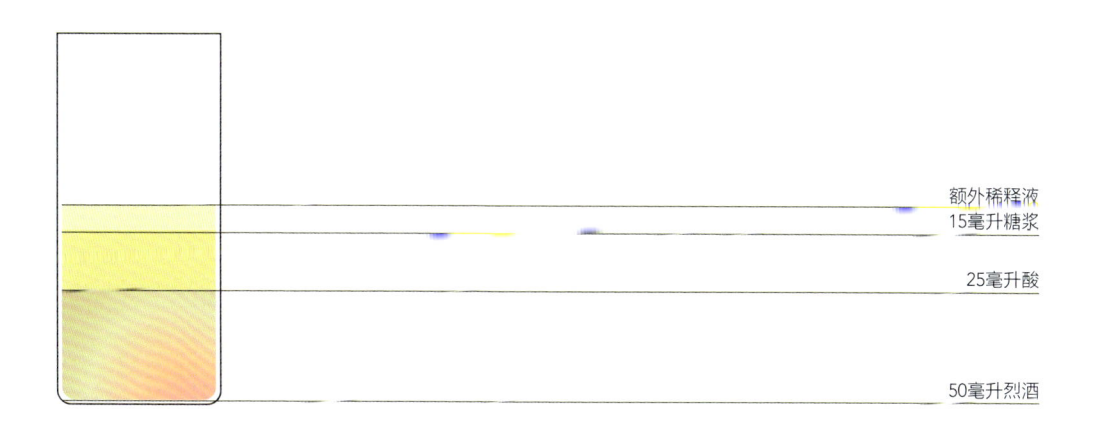

额外稀释液
15毫升糖浆

25毫升酸

50毫升烈酒

第十章　长饮鸡尾酒

**混合器艺术**

又讲到气泡了，真令人高兴！气泡是长饮鸡尾酒的魅力所在，正是气泡给酒液带来的明亮刺鼻的口感，让这类鸡尾酒变得与众不同。因此，一定要确保混合酒液新鲜且仍有气泡，否则长饮鸡尾酒就会令人失望。

混合器中的二氧化碳形成气泡时，会将酒体中的芳香物质带到表面。这有助于鼻腔感知（见第058页）鸡尾酒的芳香特征，从而带来愉悦的芳香体验。

最后，在鸡尾酒调制时，使用混合器能获得比以往更大的容量。这对我们有好处，因为额外的容量来自于不含酒精的原料，这意味着可以享受到酒精度较低的鸡尾酒。因此，长饮鸡尾酒成为策划鸡尾酒菜单的重要工具——不仅能改变口味强度，还能为客人提供酒精度均衡的选择。

# 长饮鸡尾酒原料

| 酒柜存品 | 另备材料 |
| --- | --- |
| 安格斯特拉苦精 | 新鲜柠檬 |
| 波旁威士忌 | 新鲜青柠 |
| 干邑白兰地 | 新鲜薄荷 |
| 黑醋栗奶油利口酒 | 新鲜粉红葡萄柚 |
| 黑朗姆酒 | 姜汁汽水 |
| 杜松子酒 | 姜汁啤酒 |
| 日式威士忌或同等酒 | 泡菜 |
| 苏格兰威士忌 | 海盐片 |
| 淡朗姆酒 | 苏打水 |
| 白龙舌兰酒 | 调味番茄汁 |
| 橙味利口酒 | 糖浆（见第047页） |
| 伏特加 | 塔巴斯科辣酱 |
|  | 伍斯特辣酱 |

# 汤姆科林斯
## TOM COLLINS

50毫升
（1⅔盎司）杜松子酒

25毫升
（⅔盎司加1茶匙）柠檬汁

15毫升
（½盎司）糖浆（见第047页）

100毫升
（3⅓盎司）苏打水

厚柠檬片

冰块（备用）

饮品总容量：190毫升（6⅓盎司）

理想杯容量：300毫升（10盎司）

推荐酒杯：高球杯

回顾下酸味鸡尾酒一章中建立的烈酒、甜味和酸味的基本结构，对这个配方应该会很熟悉。这三种成分之间的关系，再加上苏打水，就能调制出令人难以置信的清爽鸡尾酒。

在高球杯中加入冰块，再加入杜松子酒、柠檬汁和糖浆，搅拌3次使其混匀。检查杯中冰块的高度——如必要，可再加些冰块，确保冰块达到杯口。加入苏打水，轻轻搅拌3次使其混匀，用厚柠檬片装饰，就可以享用了。

ℹ 选择最喜欢的杜松子酒来调制这款鸡尾酒，并注意观察其在苏打水中的香气释放。

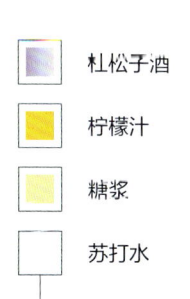

- 杜松子酒
- 柠檬汁
- 糖浆
- 苏打水

第十章 长饮鸡尾酒

# 橙味科林斯
## TRIPLE SEC COLLINS

**40毫升**
（1⅓盎司）橙味利口酒

**25毫升**
（⅔盎司加1茶匙）柠檬汁

**5毫升**
（1茶匙）糖浆（见第047页）

**100毫升**
（3⅓盎司）苏打水

柠檬片

冰块（备用）

**饮品总容量**：170毫升（5⅔盎司）

**理想杯容量**：300毫升（10盎司）

**推荐酒杯**：高球杯

将杜松子酒换成橙味利口酒，就能调制出几乎像冰冻果子露一样的科林斯鸡尾酒。请注意，配方的改变是由橙味利口酒的含糖量以及柑橘香气的浓郁程度决定的。气泡也会发挥作用，因为气泡在口中的质感会改变人们对这种利口酒甜味的感知。

---

在高球杯中加入冰块，再加入橙味利口酒、柠檬汁和糖浆，搅拌3次使其混匀。检查杯中冰块的高度——如必要，可再加些冰块，确保冰块达到杯口。加入苏打水，轻轻搅拌3次使其混匀，用柠檬片装饰，就可以享用了。

**注** 这款鸡尾酒可以和手头上的任何奶油利口酒搭配，但在招待客人之前一定要测试一下配方。如果换成其他利口酒，请注意鸡尾酒的整体平衡和口味强度。

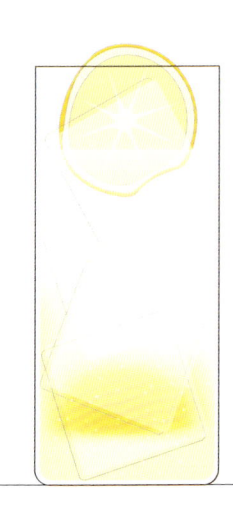

- 橙味利口酒
- 柠檬汁
- 糖浆
- 苏打水

# 黑醋栗科林斯
## CASSIS COLLINS

40毫升
（1⅓盎司）黑醋栗奶油利口酒

25毫升
（⅔盎司加1茶匙）柠檬汁

100毫升
（3⅓盎司）苏打水

柠檬片

冰块（备用）

**饮品总容量**：165毫升（5½盎司）

**理想杯容量**：300毫升（10盎司）

**推荐酒杯**：高球杯

　　黑醋栗的果香构成了黑醋栗奶油利口酒的主要风味，在这款果汁酒中可以充分领略到。与橙味利口酒的配方一样，这款鸡尾酒的基础结构中的糖分也经过了重新测定，以便调制出一种不会太甜的平衡饮品。因此，这款果汁酒中没有额外加糖。

---

　　在高球杯中加入冰块，再加入黑醋栗奶油利口酒和柠檬汁，搅拌3次使其混匀。检查杯中的冰量——如必要，可再加些，确保冰量达到杯口。加入苏打水，轻轻搅拌3次使其混匀，用柠檬片装饰，就可以享用了。

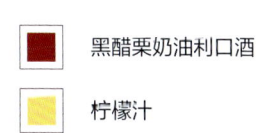

- ■ 黑醋栗奶油利口酒
- ■ 柠檬汁
- □ 苏打水

第十章　长饮鸡尾酒

# 里奇杜松子酒
## GIN RICKY

50毫升
（1⅔盎司）杜松子酒

25毫升
（⅔盎司加1茶匙）青柠汁

15毫升
（½盎司）糖浆（见第047页）

100毫升
（3⅓盎司）苏打水

青柠卷

冰块（备用）

饮品总容量：190毫升（6⅓盎司）

理想杯容量：300毫升（10盎司）

推荐酒杯：高球杯

在本配方中，我们又回到了50毫升（1⅔盎司）烈酒、25毫升（⅔盎司加1茶匙）酸和15毫升（½盎司）糖调制的关系上，但只需将柠檬换成青柠，就能带来全新的风味，将汤姆科林斯变成里奇杜松子酒。品尝这款酒时，请注意换成青柠汁后酸度和香气的不同。与柠檬汁相比，鸡尾酒的甜度会降低，口感也会变得更干，还可能会闻到青柠散发出的松树香气，而杜松子酒则会放大这种香气。

---

在高球杯中加入冰块，再加入杜松子酒、青柠汁和糖浆，搅拌3次使其混匀。检查杯中的冰量——如必要，可添加更多冰块，以确保冰量达到杯口。加入苏打水，轻轻搅拌3次使其混匀，用青柠卷装饰，就可以享用了。

**注** 绿色草本杜松子酒非常适合调制这款鸡尾酒。您也可以尝试用伏特加来调制这款鸡尾酒，效果也非常好。

- 杜松子酒
- 青柠汁
- 糖浆
- 苏打水

# 波旁里奇
## BOURBON RICKY

50毫升
（1⅔盎司）波旁威士忌

25毫升
（⅔盎司加1茶匙）青柠汁

15毫升
（½盎司）糖浆（见第047页）

100毫升
（3⅓盎司）苏打水

青柠卷

冰块（备用）

**饮品总容量**：190毫升（6⅓盎司）

**理想杯容量**：300毫升（10盎司）

**推荐酒杯**：高球杯

在坚持青柠汁及其带来的风味的基础上，现在换一种基酒来调制这款里奇鸡尾酒，看看它是如何改变这款酒的风味特征的。柠檬汁的干酸味依然存在，但波旁酒则增加了蜜饯果皮和麦芽的复杂香气。这样调制出的鸡尾酒非常有趣，味道可能比预期的更清新。

在高球杯中加入冰块，再加入波旁威士忌、青柠汁和糖浆，搅拌3次使其混匀。检查杯中冰块的高度——如有必要，可再加些冰块，确保冰块达到杯口。加入苏打水，轻轻搅拌3次使其混匀，用青柠卷装饰，就可以享用了。

**注** 果香浓郁、口味清淡的波旁酒，如美格波旁威士忌，也适合调制这款鸡尾酒。

- 波旁威士忌
- 青柠汁
- 糖浆
- 苏打水

# 莫吉托
## MOJITO

2片薄荷叶
25毫升
(⅔盎司加1茶匙)青柠汁
15毫升
(½盎司)糖浆(见第047页)
50毫升
(1⅔盎司)淡朗姆
75毫升
(2⅓盎司加1茶匙)苏打水
薄荷叶
厚青柠片
冰块(备用)

**饮品总容量**:165毫升(5½盎司)
**理想杯容量**:300毫升(10盎司)
**推荐酒杯**:高球杯

在初始结构中,随着烈酒基调的转变,现在探索添加一种香草,在这一类饮品中创造一种新的鸡尾酒体验。莫吉托鸡尾酒是一种标志性鸡尾酒,其草本植物的香气与新鲜多汁的清淡朗姆酒相映成趣,创造出一种象征夏日枞欢乐的鸡尾酒。

在鸡尾酒罐中加入薄荷叶、青柠汁和糖浆。用搅拌棒轻轻掰开薄荷叶的表皮,将油质捣碎释放到液体中。在高球杯中加入冰块,再加入朗姆酒,然后将薄荷泥状液体倒入杯中,搅拌3次,使其混匀。检查杯中冰块的高度——如必要,可再加些冰块,确保冰块达到杯口。加入苏打水,轻轻搅拌3次使其混匀,用薄荷枝和厚青柠片作装饰,就可以享用了。

- 朗姆酒
- 青柠汁
- 糖浆
- 苏打水

# 莫斯科骡子
## MOSCOW MULE

50毫升
（1⅓盎司）伏特加

15毫升
（½盎司）青柠汁

3滴安格斯特拉苦味酒

100毫升
（3⅓盎司）姜汁啤酒

青柠角

冰块（备用）

饮品总容量：约165毫升（5½盎司）

理想杯容量：300毫升（10盎司）

推荐酒杯：高球杯

　　调酒师可以为鸡尾酒增添许多风味，这也是重点稍有转移的地方。这是本类鸡尾酒中第一款使用调味料的鸡尾酒，在这款鸡尾酒中使用的是姜汁啤酒。保留了烈酒与酸味的关系，但由于姜汁啤酒中含糖分，因此鸡尾酒中不再需要额外的糖分。坚持使用青柠的清新风味，再用伏特加这种更纯净的基酒，并通过添加安格斯特拉苦精来增加复杂度和深度，这弥补了姜汁啤酒、伏特加和青柠之间的辣味差距。其结果是整体干净而精确的五香口味。

---

　　在高球杯中加入冰块，再加入伏特加、青柠汁和安格斯特拉苦精，搅拌3次，使其混匀。检查杯中冰块的高度——如必要，可再加些冰块，确保冰块达到杯口。最后加入姜汁啤酒，轻轻搅3次使其混匀，用青柠角装饰，就可以享用了。

- 伏特加
- 青柠汁
- 安格斯特拉苦味酒
- 姜汁啤酒

第十章　长饮鸡尾酒　　179

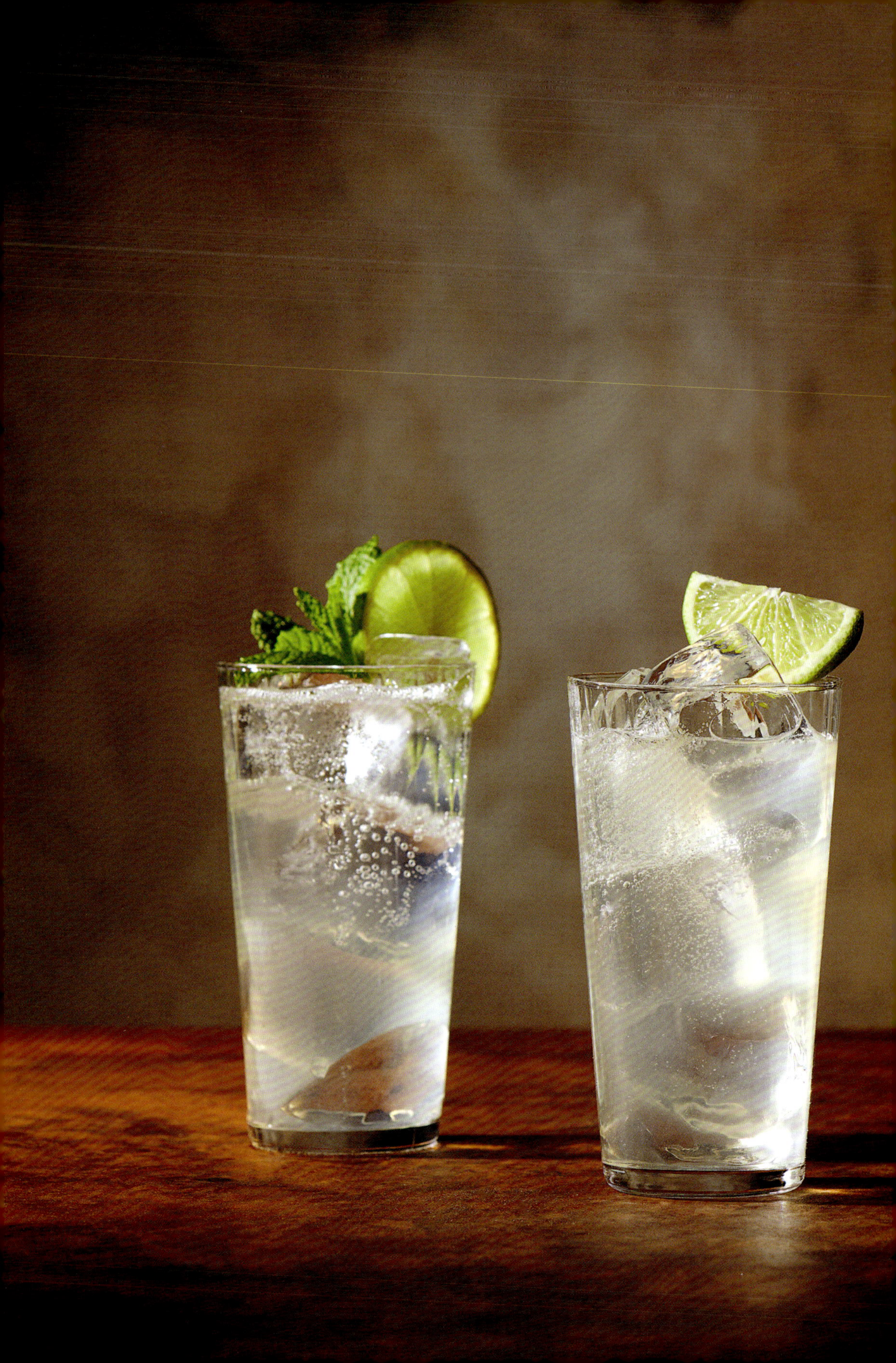

从左到右，莫吉托（见第178页）和莫斯科骡子（见第179页）

# 黑色风暴
## DARK AND STORMY

50毫升
（1⅓盎司）黑朗姆酒

15毫升
（½盎司）青柠汁

100毫升
（3⅓盎司）姜汁啤酒

3滴安格斯特拉苦味酒

青柠角

冰块（备用）

饮品饮品总容量：约165毫升（5½盎司）

理想杯容量：300毫升（10盎司）

推荐酒杯：高球杯或岩石杯

生姜仍然是口味重点，在加入黑朗姆酒、青柠和安格斯特拉苦精后，生姜的味道将占据主导地位。黑朗姆酒中的五香糖蜜香味为这款鸡尾酒增添了浓郁的暖意。

在酒杯中加入冰块，再加入黑朗姆酒和青柠汁，搅拌3次使其混匀。检查杯中冰块的高度——如必要，可再加些冰块，确保冰块达到杯口。加入姜汁啤酒，轻轻搅拌3次，使其混匀。用3滴安格斯特拉苦精装饰，苦味酒最初会漂浮在酒液上，形成大理石花纹效果。加入青柠角就可以享用了。

**注** 最后加入苦精，在视觉上会产生惊人的效果。不过，这样做也有一个后果——在开始品尝这杯酒时，感觉到安格斯特拉苦精的味道相当浓烈。如果不喜欢这种感觉，可以在品尝之前搅拌一下，或者在加入黑朗姆酒和青柠汁的同时将苦精加入杯中。

- 黑朗姆酒
- 青柠汁
- 姜汁啤酒
- 安格斯特拉苦味酒

第十章　长饮鸡尾酒

# 马颈威士忌
## WHISKEY HORSE'S NECK

50毫升
（1⅔盎司）波旁威士忌
3滴安格斯特拉苦味酒
100毫升
（3⅓盎司）姜汁汽水
长柠檬皮卷
普通冰块或1块长冰块
（备用）

饮品总容量：约150毫升（5盎司）
理想杯容量：300毫升（10盎司）
推荐酒杯：高球杯

回到威士忌高球杯（见第191页）设定的烈酒和调酒重点，马颈配方中没有酸味元素，但通过姜汁汽水和安格斯特拉苦精增加了复杂性。姜汁汽水的味道比姜汁啤酒更柔和，这在这款鸡尾酒中非常有用，因为鸡尾酒中没有酸味，这就意味着姜汁等强烈味道的基础结构较少，无法与之相得益彰。在本配方中，味道的浓烈程度是选择原料的主要因素。

在高球杯中加入冰块或长条冰块，再加入波旁威士忌和安格斯特拉，搅拌3次使其混匀。如果使用的是普通冰块，请检查杯中冰块的高度。如必要，可添加更多冰块以确保冰块达到杯口。加入姜汁汽水，轻轻搅拌3次，使其混匀。在杯内的冰块上缠绕一个长柠檬皮卷作为装饰，就可以享用了。

**注** 可使用黑麦威士忌，但调制出的鸡尾酒口感较干。可以根据自己对鸡尾酒香味的喜好，随意增减苦味酒的用量。

- 波旁威士忌
- 安格斯特拉苦味酒
- 姜汁汽水